ANTI-PERSONNEL MINES PROJECT

PROYECTO MINAS ANTI-PERSONAS

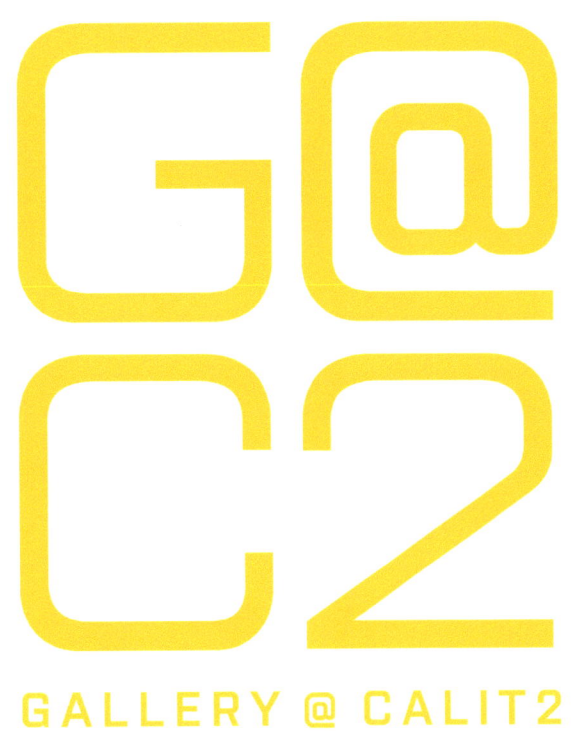

GALLERY @ CALIT2

GALLERY@CALIT2
EXHIBITION CATALOG N°6

ANTI-PERSONNEL MINES PROJECT

GALLERY INSTALLATION
APRIL 16, 2009 TO JUNE 10, 2009

PROYECTO MINAS ANTI-PERSONAS

INSTALACION EN GALERIA
EL 16 ABRIL, 2009 AL 10 JUNIO, 2009

Published by the gallery@calit2

University of California, San Diego
9500 Gilman Drive
La Jolla, CA 92093-0436

ISBN 978-0-578-02321-2

CONTENTS

04   Introduction, by Trish Stone

08   Background, by Carlos Trilnick

16   Conversation with the Artist, by Fabián Cereijido

30   Essay, by Mariela Cantú

38   Artist Biography

42   Acknowledgments, by Doug Ramsey

CONTENIDO

04   Introducción, por Trish Stone

08   Fondo, por Carlos Trilnick

16   Conversación con el Artista, por Fabián Cereijido

30   Ensayo, por Mariela Cantú

38   Biografia del Artista

42   Reconocimientos, por Doug Ramsey

All images are video frames from the installation by Carlos Trilnick.

Todos las imagenes son cuadros de video de la instalación de Carlos Trilnick.

INTRODUCTION / INTRODUCCION
ANTI-PERSONNEL MINES PROJECT
PROYECTO MINAS ANTI-PERSONAS

BY / POR TRISH STONE

---

* **Trish Stone** is the Gallery Coordinator for the gallery@calit2.

As exhibited at the University of California, San Diego, Carlos Trilnick's Anti-Personnel Mines Project exists as both interactive gallery and outdoor landscape installations.

The interactive installation, located in Atkinson Hall, features a layer of synthetic grass on the floor of the gallery@calit2 that simulates a normal field. A system of sensors installed in the artificial turf can detect weight, pressure and movement. When a visitor walks through certain areas, the sensor – simulating the way real anti-personnel mines operate – detonates the sound of an explosion, and three video projectors activates a series of visual sequences that are displayed on the walls of the exhibition space. The visual sequences show the effects of anti-personnel mines on people through images, statistical data, maps and conceptual phrases alluding to the responsibility to do something to end the suffering. The areas that produce interactivity in the system of sensors are fleeting and vary from moment to moment, so the visitor cannot identify the precise location of the next 'mine'.

During the first week of this exhibition, the work on display in the gallery@calit2 is supplemented by an outdoor landscape installation that simulates a minefield. Signs indicating the imminent danger of anti-personnel mines are placed on grassy areas of the Engineering Courtyard near Warren Mall on the UCSD campus. The warnings on the signs are printed in English, Spanish, French, Arabic, Chinese, Hebrew, Hindi, Portuguese, Bosnian, Quechua, Pashto and Khmer. The edges of these 'mine-

En la versión presentada en la Universidad de California, San Diego (UCSD), el Proyecto Minas Anti-personas de Carlos Trilnick se compone de una muestra interactiva en la gallery@calit2 y una instalación al aire libre en el jardín.

La instalación interactiva, ubicada en el Atkinson Hall, presenta una capa de césped sintético que, cubriendo el piso de la gallery@calit2 simula un campo normal. Un sistema de sensores discretamente instalado en el prado artificial registra movimiento, peso y presión. Cuando un visitante camina sobre ciertas áreas, los sensores – simulando el mecanismo de las minas anti-personas reales – activa el sonido de una explosión al tiempo que tres proyectores también dotados de dispositivos sensibles al movimiento comienzan a proyectar una secuencia visual en los muros de la galería. La secuencia visual presenta el efecto de las detonaciones de minas anti-personas en la gente a través de mapas, tablas estadísticas e imágenes así como frases alusivas a la necesidad de hacer algo para acabar con este flagelo. Las áreas que activan la interactividad cambian momento a momento de manera que el visitante no puede prever la localización de la próxima "mina".

Durante la primera semana de la exhibición la obra en la gallery@calit2 sera complementada por una instalación al aire libre en el jardín que simulará un campo minado. Carteles indicando el peligro inminente de las minas anti-personas serán instalados en los jardines que rodean el Engineering Courtyard cerca del Warren Mall en el predio de

fields' are demarcated with the paradigmatic black-and-yellow tape and the ominous inscription:

DANGER – MINEFIELD – DO NOT PROCEED

This simulation attests to the complexity of living in a zone filled with anti-personnel mines. The work attempts to create awareness and activism in public opinion around this danger, which affects – disproportionately – civilian populations with dire needs: war refugees, children, women and the rural poor.

This is particularly relevant in the United States. The U.S. is the largest manufacturer of these weapons, and along with Russia and China, it is among the toughest opponents of international treaties outlawing anti-personnel mines [see Background].

Most of the images utilized for this project come from and are used with permission of the International Red Cross and the United Nations High Commissioner for Refugees (UNHCR).

UCSD. Los carteles estarán escritos en inglés, español, francés, árabe, chino, hebreo, hindú, portugués, bosnio, quechua, pastún y camboyano. Los límites de estos "campos minados" estarán marcados por la paradigmática cinta plástica negra y amarilla y la ominosa inscripción

PELIGRO- CAMPO MINADO-NO AVANZAR

Esta simulación da cuenta de las complicaciones de vivir en una zona plagada de minas anti-personas. El proyecto intenta crear consciencia y reacción en la opinión publica sobre este flagelo que afecta en forma desproporcionada a sectores necesitados de la población: refugiados de guerra, niños, mujeres y campesinos pobres.

Este tema atañe particularmente a Estados Unidos. Estados unidos es el principal fabricante de este tipo de armas y uno de los opositores mas recalcitrantes, junto con Rusia y China a los tratados internacionales que prohíben las minas anti-personas.

La mayoría de las imágenes utilizadas para este proyecto provienen de las siguientes instituciones que han autorizado su uso: la Cruz Roja Internacional y el Alto Comisionado de las Naciones Unidas para los Refugiados (ACNUR)

DANGER MINES !

מישקום
הזהר !

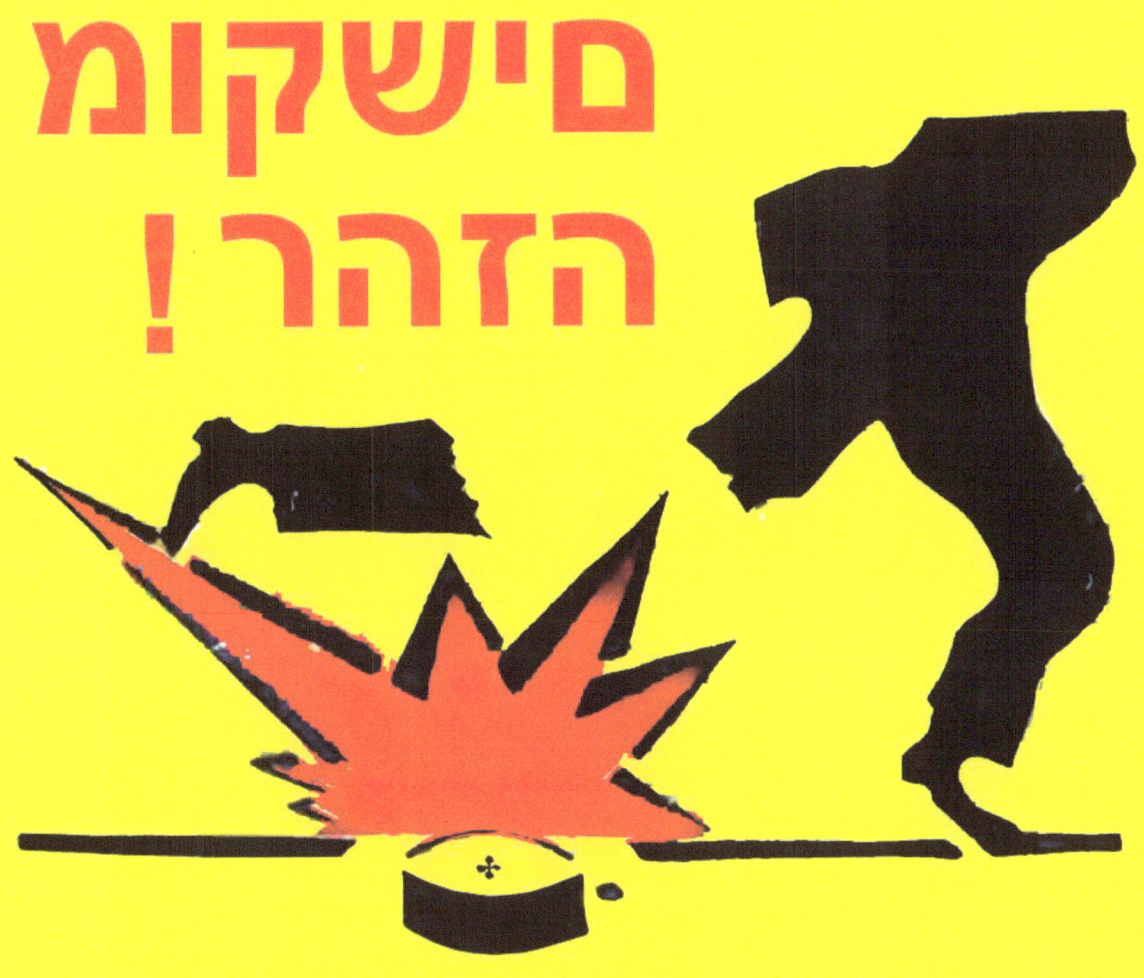

BACKGROUND/FONDO
ANTI-PERSONNEL MINES PROJECT
PROYECTO MINAS ANTI-PERSONAS

BY / POR CARLOS TRILNICK

The Anti-Personnel Mines Project explores the negative implications of this military weapon, which has been massively used since World War II. Anti-personnel mines are explosive devices either placed underground or camouflaged. They use a firing mechanism that is triggered with the pressure of a person's foot, or when they are hit. The main victims of those devices are civilians. These mines provoke severe human and economic damages, both during armed conflicts and also for a long time after the conflicts are over. In this way any person, including a child, can become a victim. While there are more than 110 million mines deployed and ready to explode in 64 countries, another 100 million are currently in storage.

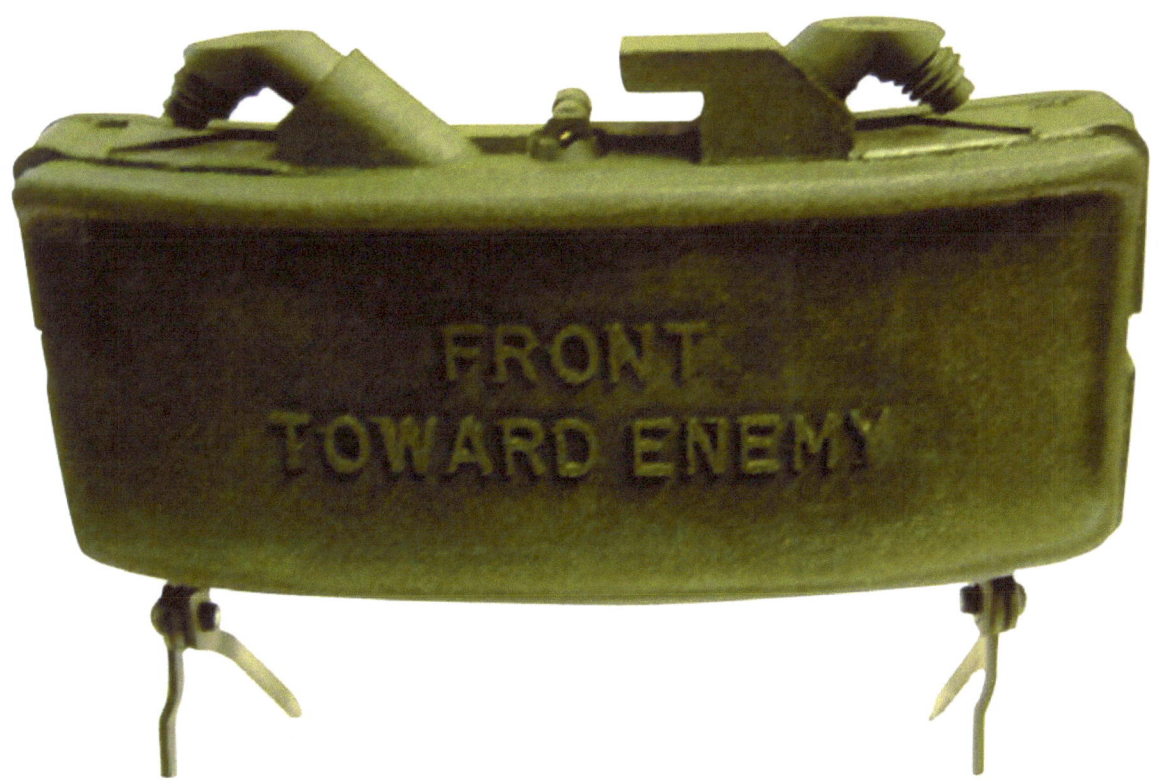

El *Proyecto Minas Anti-personas* está basado en la problemática de este tipo de arma bélica utilizada desde la Primera Guerra Mundial. Las minas anti-personas son artefactos explosivos que se entierran en el suelo o se camuflan, y que cuentan con una espoleta que se activa al ser pisados o golpeados. Sus principales víctimas son los civiles, ocasionando graves daños humanos y económicos tanto en los conflictos como durante un largo período después de ellos. Así cualquier persona, incluyendo niños, puede convertirse en su víctima. Hay más de 110 millones de minas sembradas y listas para explotar en 64 países y 100 millones más permanecen almacenadas.

Asia and Africa are the most affected continents by the plague of mines. Angola and Cambodia have more mines than inhabitants. In Kuwait, there are 280 mines per square kilometer. The situation is similar in Central and South America, mainly in Colombia, Nicaragua, Guatemala, El Salvador, in the border region between Peru, Bolivia and Chile, in the Falkland Islands (Islas Malvinas), and along the southern border shared by Argentina and Chile. In Europe, as a consequence of five years of war in the Balkans, Croatia and Bosnia-Herzegovina are seriously affected.

Around 100 corporations in 15 countries produce 50,000 mines every week. That means five new mines every minute become a threat against peace on our planet. There are more than 340 different models of anti-personnel mines. They are differentiation as dumb or smart mines, detectable or not detectable ones, but in the end they all have the same effect. Their prices vary from $1.50 (the least expensive) and going up to $180 per mine for the most expensive models. The majority, though, are very inexpensive, with prices around $5 each.

More than killing, anti-personnel mines are conceived to produce wounds or mutilation, creating severe damage to the economic and health infrastructure, and most importantly, to human lives. Nearly 80 percent of the victims are civilians, particularly children and women. Many of the mines come in colorful shapes; their design deceives children, who handle them, thinking that they are toys.

Asia y África son los continentes más perjudicados por la plaga de las minas. Por ejemplo, en Angola y Camboya hay más minas que habitantes. En Kuwait hay 280 minas por km cuadrado. Una situación similar se vive en América Central y del Sur, principalmente en Colombia, Nicaragua, Guatemala, El Salvador, en el límite entre Perú, Bolivia y Chile, en las Islas Malvinas y en el límite sur entre Argentina y Chile. En Europa, tras 5 años de guerra en los Balcanes, Croacia y Bosnia-Herzegovina han quedado seriamente afectadas.

Unas 100 empresas en 15 países producen semanalmente 50.000 minas. Es decir, cada minuto 5 nuevas minas amenazan la paz en nuestro planeta. Existen más de 340 modelos diferentes de minas anti-personas. Actualmente se diferencia entre minas bobas y minas inteligentes o entre minas detectables o no detectables. Sin embargo, todas las minas tienen los mismos efectos. Su precio es variable, desde U$ 1,50 las más baratas hasta U$ 180 las más caras, aunque la mayoría de ellas se pueden comprar por precios muy asequibles, como U$ 5 cada una.

Más que matar, las minas anti-personas están pensadas para herir o mutilar provocando así un grave perjuicio económico, sanitario y sobretodo humano. El 80% de las víctimas lo constituye población civil, especialmente niños y mujeres. Muchas de estas armas tienen formas coloridas y sus diseños confunden a los niños que las toman pensando que son juguetes.

Las minas no diferencian entre soldados y civiles, entre tiempo de paz y tiempo de

Mines do not differentiate between soldiers and civilians, nor between peacetime and wartime. Moreover, their easy placement on the ground, and the fact that they remain active many years after the end of ved hostilities, transform them into a living nightmare for people who live in places that are experiencing or have experienced armed conflicts. In Cambodia, for example, mines killed and mutilated more people in three years of peace than during the prior 15 years of civil war.

According to estimates of several organizations, mine explosions result in roughly 2,000 deaths and more than 800 mutilations ever month worldwide. The majority of survivors remain traumatically mutilated – losing arms, legs, vision and hearing. Mines compromise the future of many countries' livelihoods, because they are fundamentally placed in distribution and production centers, roads, and agricultural fields.

For the most part, people who live in the affected countries work in the fields, and these countries are ill-equipped to deal with the resulting trauma because they do not have the needed health infrastructure. For these reasons, mines truly represent a social break-down, an increment in the instances of hunger and misery, and an increase in the number of refugees and the displaced population, which in turn feeds and contributes to the creation of new centers of tension.

A child amputee will need, because of his/her physical growth, roughly 25 prostheses over the course of a lifetime.

gue-rra. Además, su fácil disposición en el terreno y el hecho de que permanezcan activas aún muchos años después de terminarse el conflicto bélico, las convierten en una auténtica pesadilla para las poblaciones que viven en zonas que han sido o son escenario de confrontaciones armadas. En Camboya, por ejemplo, las minas han matado y mutilado a más personas en 3 años de paz que en 15 años de guerra civil.

Según estimaciones de diversas organizaciones, las minas producen en todo el mundo cerca de 2.000 muertes y más de 800 mutilaciones al mes. La mayoría de las personas que sobreviven a la explosión de una mina quedan traumáticamente mutiladas, perdiendo brazos, piernas, la visión y la audición. Las minas hipotecan el futuro de muchos países porque se colocan fundamentalmente en los centros de abastecimiento, de producción, en vías de comunicación y campos de cultivo.

En la mayoría de estos países, donde las personas viven del trabajo en el campo y con Estados que no ofrecen una cobertura sanitaria adecuada, las minas suponen un auténtico descalabro social, un aumento de las situaciones de hambre y miseria y un incremento del número de refugiados y desplazados, que a su vez alimenta y contribuye a crear nuevos focos de tensión. Un niño amputado necesitará, por su desarrollo físico, cerca de 25 prótesis durante su vida.

Los campos minados son uno de los principales motivos por los cuales los refugiados de guerra temen volver a sus territorios ori-ginales.

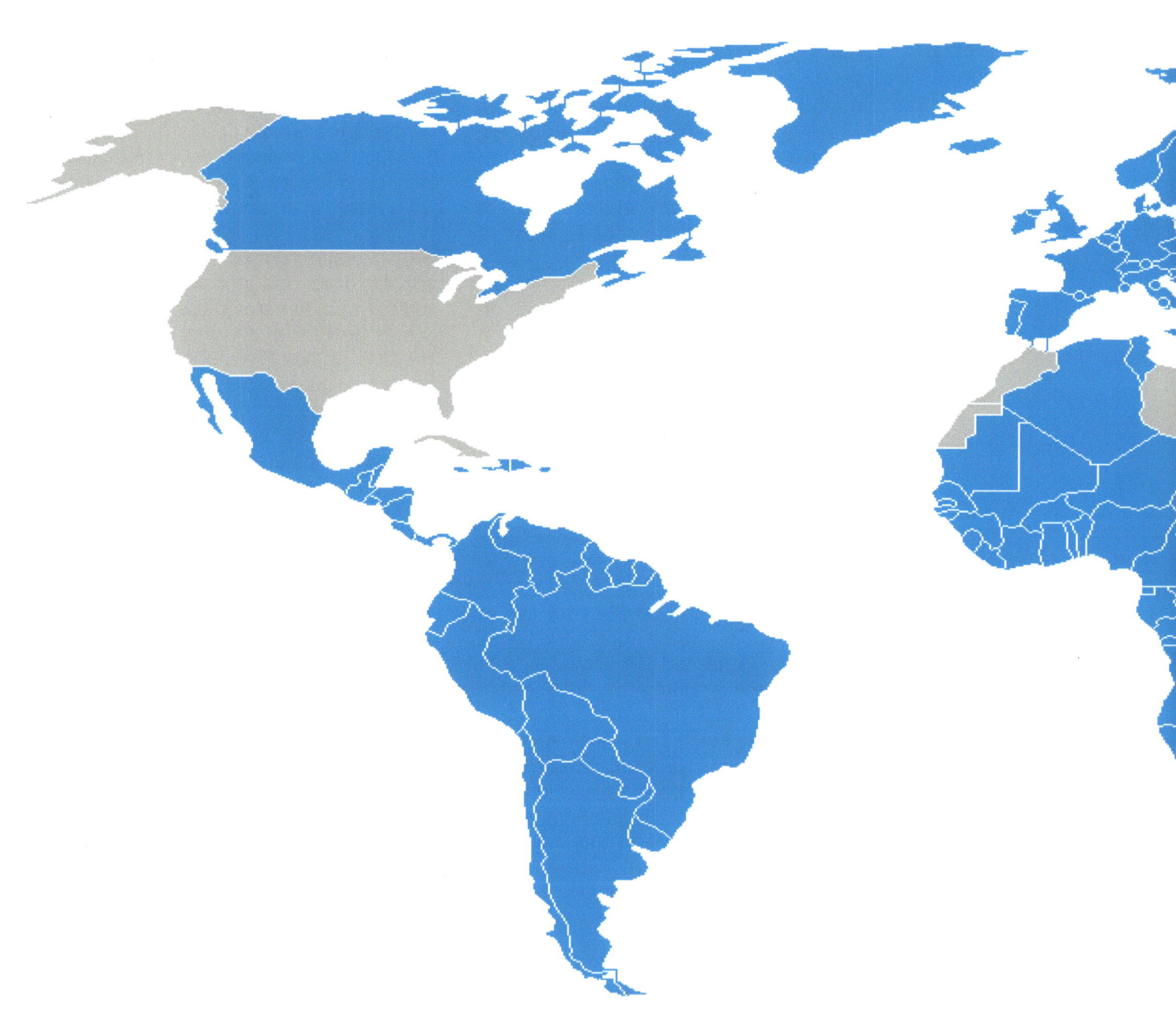

CATALOG N°6
BACKGROUND/FONDO

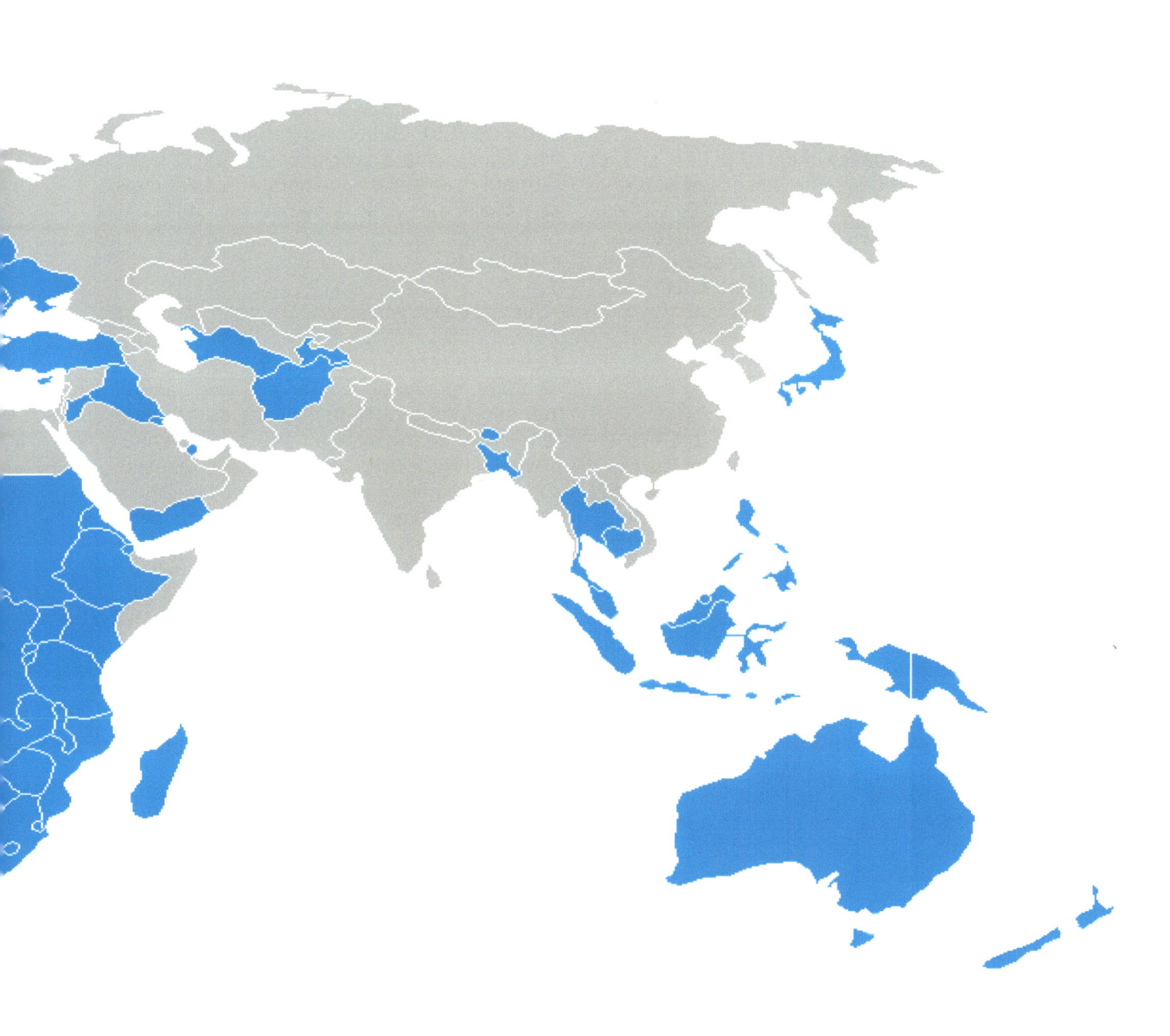

IN BLUE SIGNATORIES TO THE OTTAWA TREATY - FROM WIKIMEDIA COMMONS
EN AZUL LOS FIRMANTES DEL TRATADO DE OTTAWA - DE WIKIMEDIA COMMONS

Minefields are one of the main reasons why war refugees are afraid of returning to their territories of origin. This has focused some of the debate on ways to remove land mines.

What is land mine removal?

It is the localization and deactivation of mines, and it is an economically costly task. The process of neutralizing a mine can cost between $210 and $720. It takes only one hour to install mines in land the size of a football field, but to clear that same land represents three months of work. The job is also dangerous: for every 5,000 neutralized mines, one person dies and two are wounded.

What are governments doing?

The Ottawa Treaty went into effect on March 1, 1999. It was the result of an international campaign for the prohibition of land mines, which started in 1992 and which won the 1997 Nobel Peace Prize. The signing members committed to avoid using, developing, manufacturing, storing, or trading anti-personnel mines. All stockpiles were to be destroyed during the four years after the signing of the treaty. The treaty was originally signed by 122 countries in 1997; in February of 2004, 152 countries had signed it, and 144 had ratified it. The 42 countries that have not signed it include some of the world's largest: China, India, Russia and the United States.

Currently, only 15 countries continue manufacturing anti-personnel mines: China, North Korea, South Korea, Cuba, Egypt, the USA, India, Iran, Iraq, Myanmar, Nepal, Pakistan, Russia, Singapore, and Vietnam. The biggest manufac-turing company of anti-personnel mines is Claymore Inc., in the USA, manufacturing mines that bearing the same name.

The signatories to the Ottawa Treaty have only committed to not using this kind of weapon; the Treaty does not co-mmit them to removing mines from lands where they have already been deployed.

¿Qué es el desminado?

Consiste en localizar y desactivar las minas. Es una tarea costosa económicamente, el proceso de neutralizar una mina puede costar entre U$ 210 y U$ 720. En tiempo, desminar una superficie equivalente a un campo de fútbol, que se siembra de minas en una hora, supone 3 meses de trabajo, y en vidas humanas, por cada 5.000 minas neutralizadas 1 persona muere y 2 quedan heridas.

¿Qué hacen los gobiernos?

El tratado de Ottawa entró en vigor el 1 de marzo de 1999, siendo el resultado de una campaña internacional para la prohibición de las minas terrestres que comenzó en 1992, y que ganó el premio Nobel de la Paz en 1997. Sus firmantes se comprometieron a no usar, desarrollar, fabricar, almacenar o comerciar con minas anti-personas. Las existencias deben ser destruidas en los cuatro años siguientes a la firma del tratado. Fue firmado originalmente por 122 países en 1997 y, para febrero de 2004, ha sido firmado por 152 y ratificado por 144. Los 42 países que no lo han firmado incluyen unos de los mas grandes: China, la India, Rusia y los Estados Unidos.

Actualmente, sólo 15 países siguen fabricando minas anti-personas: China, Corea del Norte, Corea del Sur, Cuba, Egipto, India, Irán, Iraq, Myanmar, Nepal, Paquistán, Rusia, Singapur, USA y Vietnam.
La mayor empresa fabricante de minas anti-personas es Claymore Inc, en USA, que produce las minas de su mismo nombre.

Los signatarios al tratado de Ottawa han confiado solamente a no usar esta clase de arma; el tratado no los confía a quitar minas de las tierras en donde se han desplegado ya.

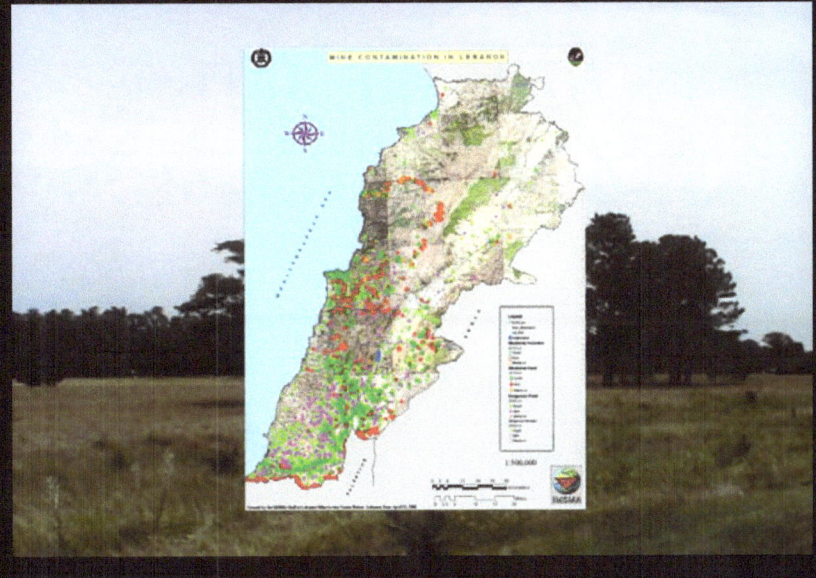

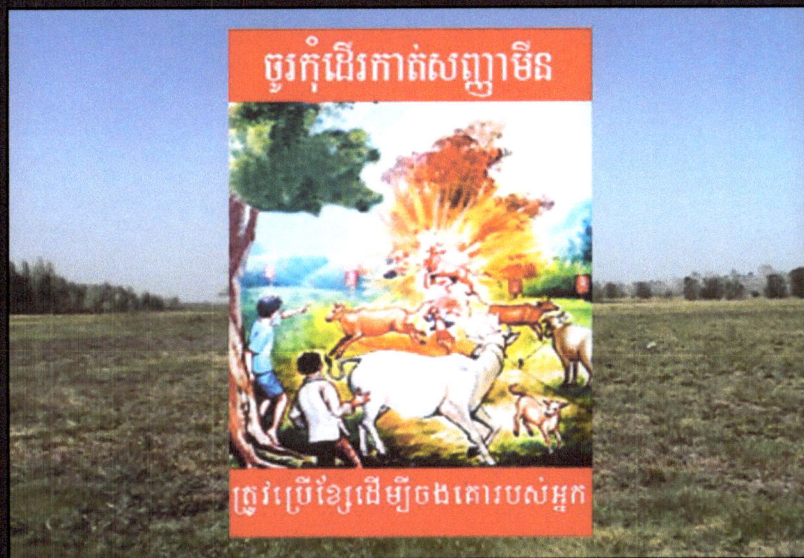

Links:

Landmine Monitor www.icbl.org - Landmines and Humanitarian Mine Action www.nolandmines.com
International Mine Action Standards www.mineactionstandards.org/imas.htm
Electronic Mine Information Network www.mineaction.org
Seminario sobre Minas Antipersolales en los territories de los Pueblos Indígenas
http://seminariominasantipersonales.blogspot.com

CONVERSATION WITH THE ARTIST
CONVERSACION CON EL ARTISTA

WITH / CON CARLOS TRILNICK
BY / POR FABIAN CEREIJIDO

---

* **Fabián Cereijido** is a Ph.D. student in the Visual Arts department of the University of California, San Diego.

Fabián Cereijido es estudiante doctoral en el departamento de artes visuals de la Universidad de California, San Diego.

One of the most effective strategies for video installations as media involves incorporating real space where the work is seen with the narrative structure. In the case of Carlos Trilnick, this compatibility opens channels for a formidable gesture that crosses not only the video installations but also the many media that visit his work and its educational impact, as we will see in the interview that follows. It is basically the affirmation of the relational space as a phenomenological case where the "other" and time are mutually compatible. A former Trotskyite activist and exile in Israel, and a pioneer of video art in Argentina, Trilnick is the heir to an emancipatory and inclusive style that, from a societal as well as aesthetic viewpoint, combats what Argentine director Julio le Parc called "all inclination towards the stable, the durable, the definitive; everything that increases the state of dependency."

This dialog over Skype took place at the end of February 2009, with Carlos Trilnick in Buenos Aires and myself in La Jolla, California.

[Fabián Cereijido] Tell us a little about your approach to interactive art...

[Carlos Trilnick] I believe that in this type of work it is better to talk about participation rather than interaction.

The spectator activates different video projections with their own movements, after which the transformations become internal, of conscience. The work stays within a script and it recovers, in perhaps a different order, maintaining a

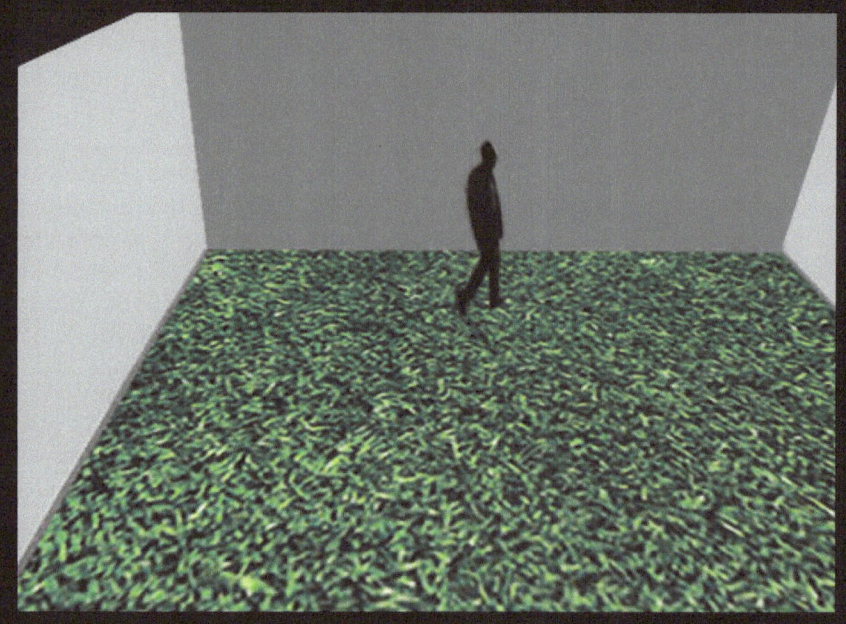

A – BEFORE SENSOR SYSTEM ACTIVATED
A – ANTES DE LA ACTIVACION DEL SISTEMA DE SENSORES

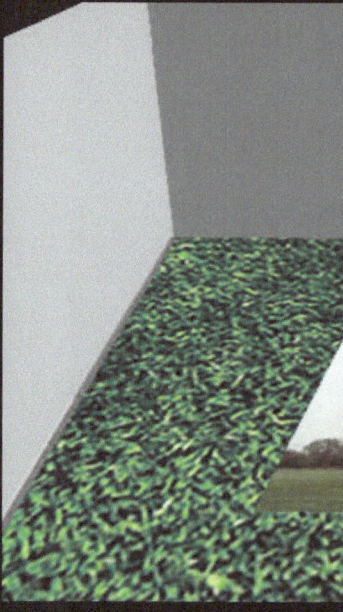

B – SENSOR ACTIVATED –   VIDEO AND SOU
B – SENSOR ACTIVADO –   VIDEO Y SONID

CATALOG N°6
CONVERSATION WITH THE ARTIST / CONVERSACION CON EL ARTISTA

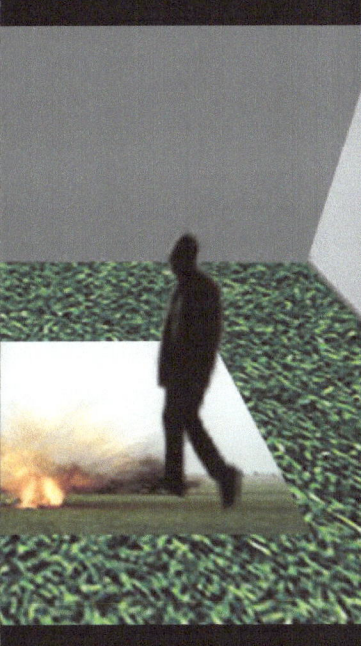

EXPLOSION
EXPLOSION

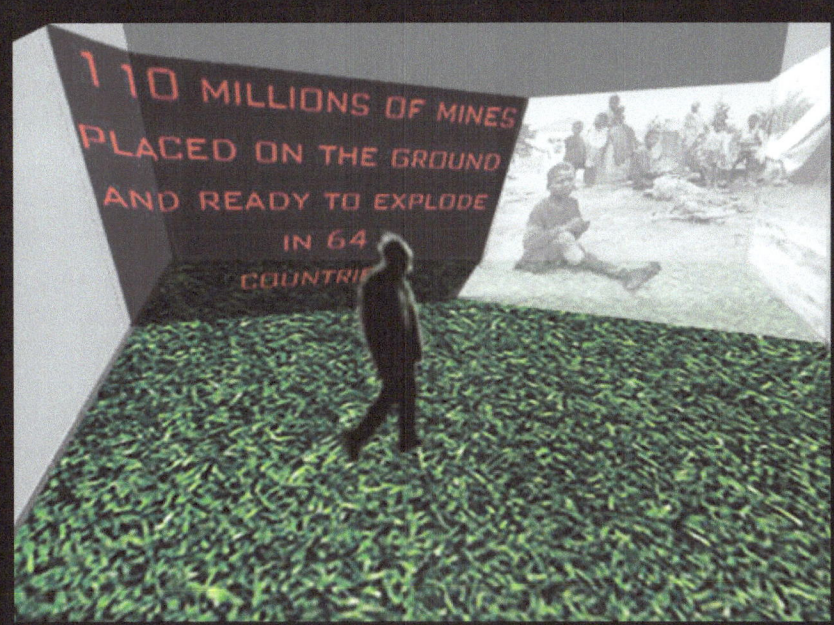

C – VIDEO PROYECTOR ACTIVATED
C – VIDEO PROYECTOR ACTIVADO

narrative and documentary line. It is different from when the spectator substantially modifies the structure of the work, in which case you could talk about interactivity. The strategy of using antipersonnel mines is extremely basic but highly dangerous because it's happening as we speak. Unlike other military weapons that self-destruct at the moment they are activated, seeding an area with land mines or using chemical weapons involves a longer time span because they can lay latent for decades, causing – even without exploding – an infinity of social and environmental damages. In trying to emulate that device, the system and programming of sensors in the installation are deliberately very basic. In the same way, there is a direct correlation between video as art that has a lasting effect beyond the moment when it happens, and the system of seeding antipersonnel mines.

[FC] How do you see the intersection of the artistic and the political?

[CT] Art, like all human activity, has a political discourse. Even the most naive work responds to an idea, to a concept and to an ideology. I do not believe that art has one sole function nor that there are models we have to follow, at least in the art of the last 50 years, a time when more direct and democratic links have been forged between art and politics. There are works that only refer to the light for artistic content and they are brilliant and, though they may not appear that way, they can be highly political, like the works of Julio Le Parc. At the same time I think moments and

niendo un eje narrativo y documental. Es diferente a cuando el espectador modifica sustancialmente la estructura de la obra, en ese caso sí hablaría de interactividad. La estrategia de utilizar minas antipersonales es sumamente básica pero altamente peligrosa porque transcurre en el tiempo. A diferencia de otras armas de guerra que se autodestruyen en el instante en que son activadas, sembrar con minas un territorio o utilizar algunas armas químicas presupone una acción en el tiempo porque pueden estar latentes durante décadas causando en ese transcurrir, y aún sin explotar, infinidad de daños sociales y ambientales. Tratando de emular ese dispositivo, el sistema y programación de sensores de la instalación es también sumamente básico. En el mismo sentido hay una asociación directa entre el video como arte del tiempo que se materializan solo cuando es accionado y el sistema de sembrar minas antipersonales.

[FC] ¿Cómo ves la intersección de lo artístico y lo político?

[CT] El arte, como toda actividad humana, tiene un discurso político. Por lo tanto toda obra inclusive la más naif responde a una idea, a un concepto y a una ideología. No creo que el arte tenga una sola función ni que existan modelos a seguir, al menos en el arte de los últimos 50 años, momento en que establecen relaciones más directas y democráticas entre arte y política. Hay obras que apelan solo a la luz como materialidad artística y son geniales y, aunque en apariencia no lo parezcan, altamente políticas, como las de Julio

places that must arise from some areas of art to focus on reality, to help spread the word about a specific them and to force us to think about what to do, in order not to repeat the same mistakes in order to make tomorrow a better day. In this case, art isn't propaganda and if it does become so, it ceases to be art. There are works or projects where reality and the context are the main actors and that use the exhibition and diffusion to increase sensitivity to a specific subject. But I have to reiterate that I don't think art has only one reason to exist; very often I myself get lost in playing games with editing electronic animations. On the other hand, the nature of the digital world is totally open and its political parameters are still being established.

[FC] Is there some work, artist or movement that particularly inspired you?

[CT] As a student I had access to the catalog of the Documenta 6 art exhibition in Kassel, Germany. It was a revealing encounter and I left hugely affected and taken with the concept put forward about art in public spaces, art and social reality, and media art. Furthermore it was the first Documenta where they set aside an exhibit area for video art. I think that that mixing of experimentation, concept, media and social art was very significant in my work. There are works such as *Honigpumpe am Arbeitsplatz* (Honey Pump at the Workplace) by Joseph Beuys that were forever seared into my memory and I have to recognize that even though it didn't convey 100 percent of his thinking, Beuys interested me as artist, educator, philos-

Le Parc. A la vez pienso que hay momentos y lugares que son necesarios desde algún espacio de arte generar señalamientos sobre la realidad, ayudar a difundir un tema específico y proponer pensar cómo hacer para no repetir los mismos errores y que mañana sea mejor. En este caso el arte no es propaganda y si en algún momento lo es deja de ser arte. Son obras o proyectos donde la realidad y el contexto son los principales actores y que utilizan la exhibición y la difusión para generar sensibilidad sobre un tema específico. Pero vuelvo a decir que no creo que el arte tenga un solo motivo de ser, yo mismo muchas veces me pierdo en juegos formales editando animaciones electrónicas. Por otro lado la naturaleza del mundo digital es totalmente abierta y eso ya establece parámetros políticos.

[FC] Hay alguna obra, artista o tendencia que te haya inspirado particularmente ?

[CT] Siendo estudiante tuve acceso al catálogo de la Documenta 6 de Kassel. Fue un encuentro revelador y quedé fuertemente impactado e identificado por los conceptos que se proponían de arte en espacio público, arte y realidad social y arte de los medios. Fue además la primera Documenta en proponer y realizar una curaduría para el espacio televisivo. Creo que ese encuentro entre experimentación, concepto, medios y arte social ha sido muy significativo en mi trabajo. Hay obras como *Honigpumpe am Arbeitsplatz* (Honey Pump at the Workplace) de Joseph Beuys que han quedado para siempre en mi memoria y debo reconocer que aunque no compar-

opher of art, and activist. Perhaps if 30 years ago more critics had listened with greater attention to some of the ideas coming from art about the systems of mass media, the world today would be a friendlier place to live.

[FC] Where did the idea for this project come from?

[CT] A couple of years ago the Argentine writer Cristina Civale suggested that I participate in a project on refugees in the city of Buenos Aires, which had become a major destination for emigrants from Africa. The topic of anti-personnel mines, which already interested me as a commentary on our times, is closely tied to the plight of the refugees. It is a problem that affects many people in many areas of the world. I finished planning the project last year during my stay as a Visiting Professor at UCSD. It caught my attention that the campus is located on former military land which could have had mines, that there are still military arms contractors along the La Jolla-San Diego corridor, and that there is a continual roar overhead from military aircraft coming and going. These scenes were on top of the fact that the United States has not signed the Ottawa Treaty that bans the manufacturing, destruction of stockpiles and de-activation of antipersonnel mines, so it made me think that presenting this project in this context would shed light and provoke thought.

ta el 100% de su pensamiento, Beuys me ha interesado como artista, educador, filósofo del arte y activista. Quizás si 30 años atrás se hubieran escuchado con mayor atención algunas de las ideas críticas que se plantearon desde el arte sobre los sistemas masivos de comunicación, la ecología y la equidad social, el mundo hoy sería un lugar más amigable para vivir.

[FC] ¿Cómo surge la idea de este proyecto?

[CT] Hace un par de años la escritora argentina Cristina Civale me propuso participar de un proyecto sobre refugiados en la ciudad de Buenos Aires que se ha convertido en destino para una parte de la emigración africana. El tema de minas antipersonales, que ya me interesaba por lo que te comente antes sobre la temporalidad, está estrechamente vinculado con el de los refugiados, es un problema que afecta a mucha gente en amplios territorios del mundo. El proyecto lo terminé de formular el año pasado durante mi estadía como profesor visitante en UCSD. Me llamó la atención que el campus esté sobre un ex territorio militar donde podría haber habido minas, la dimensión de las fábricas de armamentos en la autovía La Jolla -San Diego y el permanente ir y venir de aviones militares. Estas escenas sumadas a que los Estados Unidos no avalan el tratado de Ottawa que propone la no fabricación, la destrucción de stocks y la desactivación de minas antipersonales, me hicieron pensar que presentar este proyecto en este contexto sería contrastante y provocador.

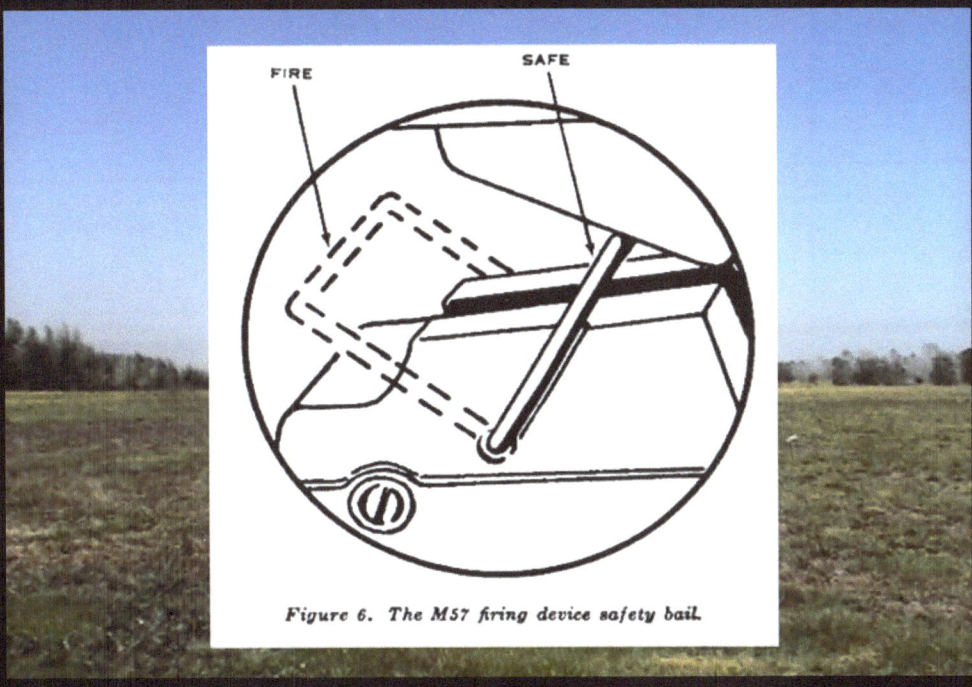

FIRE   SAFE

Figure 6. The M57 firing device safety bail.

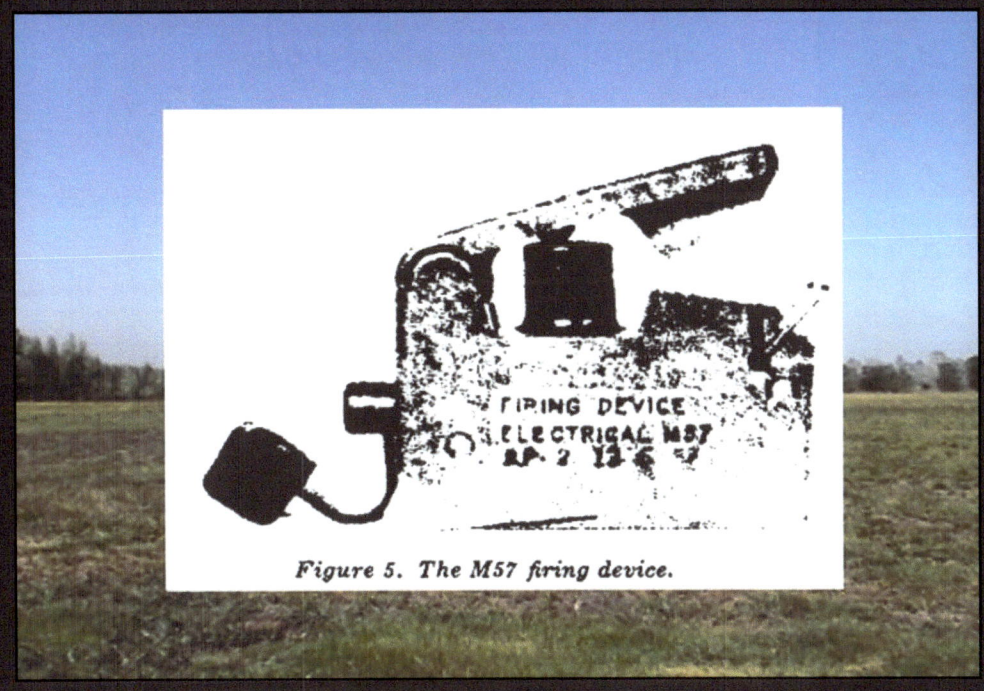

FIRING DEVICE
ELECTRICAL M57

Figure 5. The M57 firing device.

[FC] In what way does the installation you are showing at Calit2 fit into your overall works?

[CT] Social problems have always interested me; I have worked on the subject of dictatorship in my country and its consequences, such as exile, the 'disappeared', and social exclusion. In addition, during the political and economic crisis of 2001, I created a series of activities and videos, and for a long time, I have collaborated on projects about giving low-income populations access to digital means of production and social inclusion. For example, for the first Bienal del Fin del Mundo in 2008 in the city of Ushuaia at the tip of South America, I proposed to mount an installation, under my coordination, of 18 youngsters and adolescents from the city with whom I worked on creating videos and animation. It was a way of opening up a space in the Biennial community in which we could demystify the concept of paradise that Ushuaia has taken on, as it's sold for the sake of tourism.

[FC] You have applied digital and new technologies to art and teaching at multiple levels. How has it changed your notion of artistic production and your conception of the public and of students?

[CT] I've worked with media for roughly 30 years, and in university education for more than 20 years, and the changes over those periods until now have been enormous. On the technology side, the transformation and development of the media have been obvious and visible throughout the world. Looking back, I think that the biggest change has been in access to those technologies and in the possibilities of a space such as the Internet to exhibit and spread works and proposals. Ever since the emblematic adaweb, there has been an endless surge in the number of sites where information can circulate with growing fluidity.

It goes without saying that the increased access to the means of production has multiplied the possibilities of experimenting, investigating and creating works. Today for artists and students of art and media, it's purely a question of will. I have an idea and I can make it happen in my studio; in other words, I do not depend as in earlier years on waiting for the doors of sophisticated TV studios or post-production facilities to open. In this new context, education and production has become more dynamic and it is possible to make projects viable and to find new audiences. If we look around us, it's clear that the resources (at least the technological ones) are within reach. The problem today is what to do with these media, how to produce content for them and how to explore their expressive possibilities.

I think that one of the principal goals in education is to analyze how young students, who totally identify with new technologies, can take advantage of the possibilities to make the transition from being consumers to producers of media content. Georges Méliès said that cinema could "make visible the supernatural, the imaginary and even the impossible." It is an idea that remains very vivid, with the difference that today it is simpler to submit to these "dream machines" because most of the time it is impossible to do otherwise, and

[FC] ¿De qué manera la instalación que estás presentado en Calit2 se inscribe en el conjunto de tu obra?

[CT] Siempre me han interesado las problemáticas sociales, he trabajado el tema de la dictadura en mi país y sus consecuencias, es decir, el exilio, los desaparecidos y la exclusión social. También durante la crisis institucional y económica del año 2001 realicé una serie de acciones y videos y desde hace mucho tiempo colaboro con proyectos de acceso por parte de sectores de la población de bajos recursos económicos a los medios digitales de producción y de inclusión social. Por ejemplo para la 1ra Bienal del Fin del Mundo realizada en 2008 en la ciudad de Ushuaia en el extremo sur de América propuse montar una instalación realizada, bajo mi coordinación, por 18 jóvenes y adolescentes de la ciudad con los que trabajé en talleres de video y animación. Fue una forma de abrir un espacio a la comunidad en la Bienal en el cual se desmitificaba la idea de paraíso que se tiene de Ushuaia, vendida por el sistema turístico.

[FC] Has aplicado lo digital y las nuevas tecnologías al arte y la pedagogía en múltiples niveles. ¿Cómo ha ido cambiando tu noción de producción artística y tu concepción del público y de los estudiantes?

[CT] Trabajo con medios desde hace casi 30 años y en educación universitaria desde más de 20 años y los cambios de aquellas épocas a este presente han sido enormes. Por el lado tecnológico es obvia y visible por todo el mundo la transformación y el desa-rrollo de los medios. En esta historia pienso que el mayor cambio se da en el acceso a esas tecnologías y en la posibilidad de contar con un espacio como Internet para exponer y difundir obras y propuestas. Desde el emblemático adaweb han surgido infinidad de sitios donde básicamente la información puede circular con mayor fluidez.

Es indiscutible que al disponer de mayor acceso a los medios de producción se multipliquen las posibilidades de experimentar, investigar y realizar obras. Hoy para artistas y estudiantes de artes y medios es sólo una cuestión de voluntad. Tengo una idea y puedo materializarla en mi estudio, es decir no dependo como sucedía hace años de esperar a que me abran las puertas de sofisticados estudios de TV y de post producción. Bajo este nuevo contexto la educación y la producción se han tornado más dinámicas y es posible viabilizar proyectos y encontrar nuevas audiencias. Si miramos a nuestro alrededor veremos que los recursos (al menos los tecnológicos) están al alcance de la mano, el problema hoy es qué hacer con esos medios, cómo llenarlos de contenido y explorar sus potencialidades expresivas.

Pienso que uno de los principales objetivos en educación es analizar cómo los jóvenes estudiantes, totalmente identificados con las nuevas tecnologías, puedan pasar, aprovechándose de esta posibilidad, de consumidores a productores de medios. Georges Méliès decía que el cine podía "hacer visible lo sobrenatural, lo imaginario y aun lo imposible", es una idea que hasta hoy sigue vigente, con la diferencia de que hoy es más simple

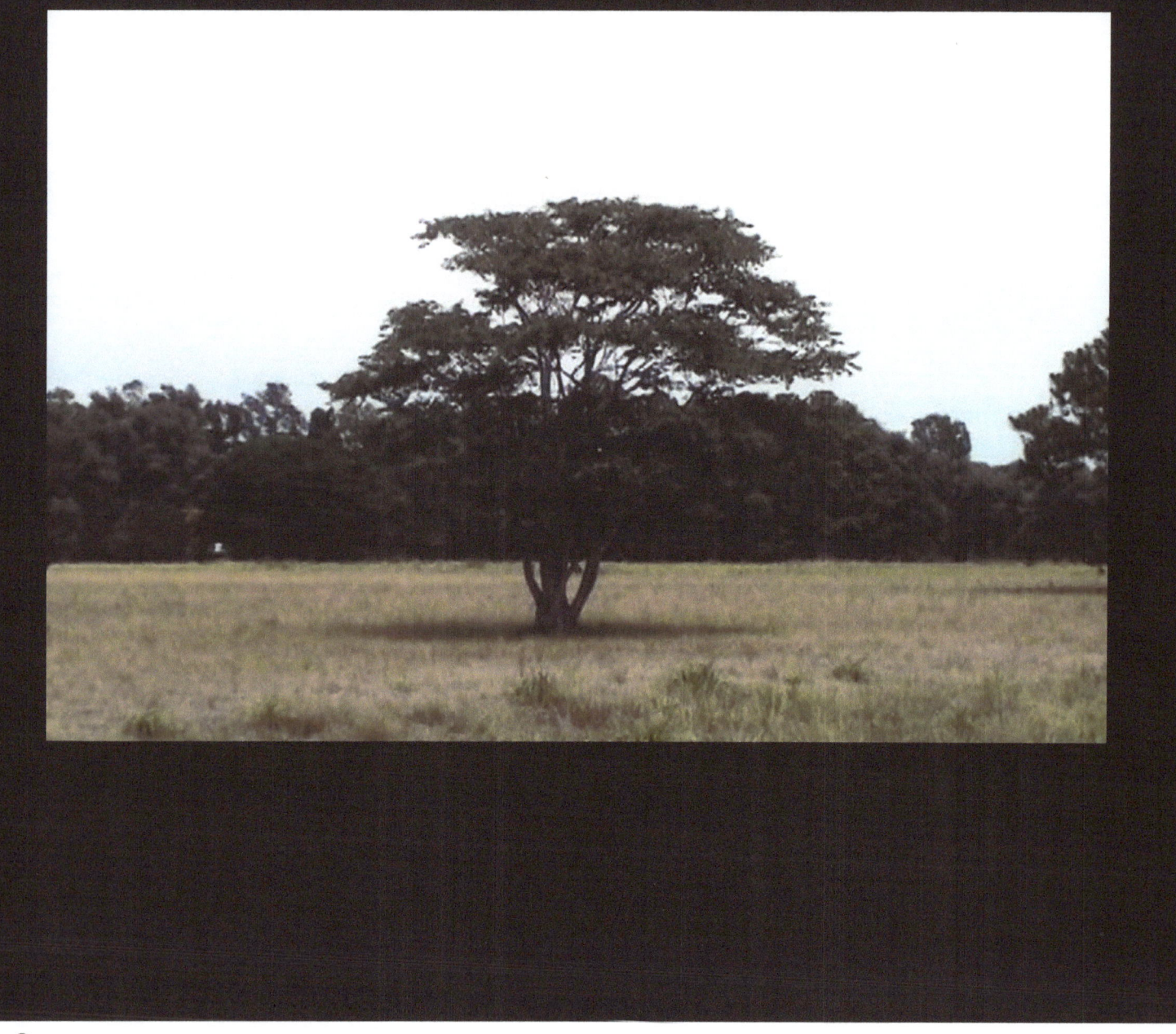

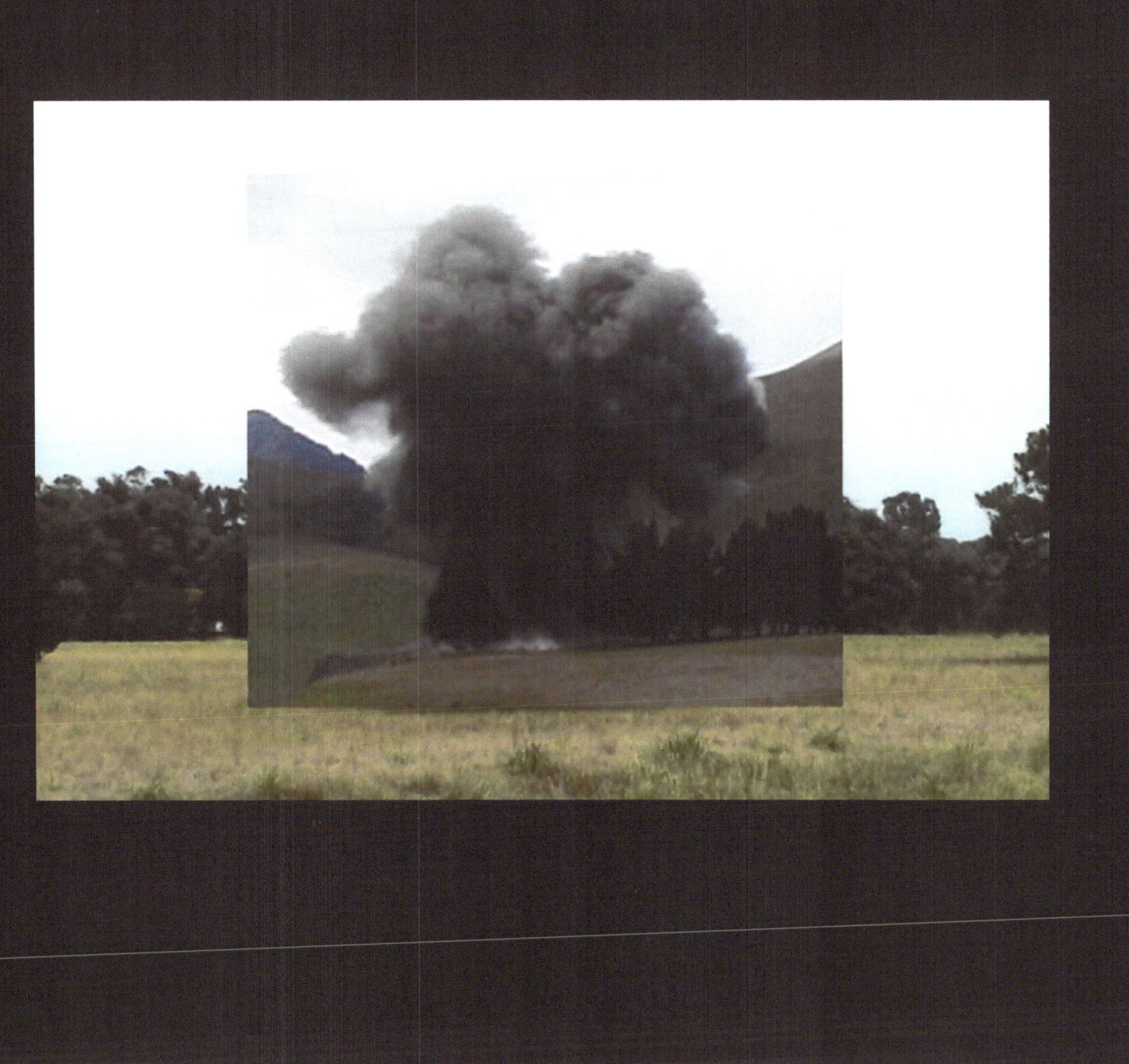

that's where education must engender processes of individual and collective expression. As far as production specifically related to new media, I agree with the ideas of the Brazilian critic and media historian Arlindo Machado, when he says that work created with these supports and directed to means of open access is a text that must be deciphered and that acquires a greater conceptual value. The image therefore behaves like art touching the senses and not solely the glance or the illusion. In February of this year I gave a seminar in digital media at the University of the Andes in Bogotá, Colombia, that I called "Structures of Nothing." The plan was to work on the emptiness that has characterized contemporary art since Duchamp or Malevich, and that today is represented by the absence of content in mass media, in the erroneous idea that digital media are innocent and innocuous, and in the energy that frees students to relinquish their responsibility to make innovative works that transcend time.

Simultaneously nothing is everything and everything is nothing and neither I nor the young student believes in big speeches or in monumental works that will change to the world. I think that my responsibility as an artist today is to motivate people to think for themselves, and through the "I see" of video and the changeable nature of digital media where we can reformulate certain methodologies of teaching and learning.

[FC] This work incorporates a certain level of contingency. In what way is this articulated with a specific message?

acceder a estas "máquinas de sueños" por lo que la mayoría de las veces la imposibilidad de hacer radica en uno mismo, es allí donde la educación debe motivar procesos de expresión individual y colectiva. En cuanto a la producción específicamente relacionada con nuevos medios coincido con las ideas del crítico e historiador de los medios brasilero Arlindo Machado cuando dice que la obra realizada con estos soportes y dirigida a los medios de acceso abierto es un texto que debe ser descifrado y que adquiere un mayor valor conceptual, la imagen por lo tanto se comporta como un arte de la relación, del sentido y no únicamente de la mirada o de la ilusión. En febrero de este año dicte un taller de medios digitales en la Universidad de Los Andes de Bogotá, Colombia que llamé "Estructuras de nada", la propuesta fue trabajar sobre el vacío que se establece en el arte contemporáneo desde Duchamp o Malevich y que hoy está representado por la ausencia de contenidos en los medios masivos de comunicación, en la errónea idea de que los medios digitales son inocentes e inocuos y en la energía que liberan los estudiantes al quitarse de encima la responsabilidad por hacer una obra innovadora que trascienda en el tiempo.

A la vez nada es todo y todo es nada y, ni yo, ni el joven estudiante ya no creemos en los grandes discursos ni en las obras monumentales que cambiarán al mundo, pienso que mi respon-sabilidad como docente hoy es de motivación para encontrase con sí mismo y es a través del "yo veo" del video y la ductilidad de los medios digitales donde podemos reformular ciertas metodologías de enseñanza y aprendizaje.

[FC] Esta obra incorpora un cierto nivel de contingencia. ¿De qué manera se articula esto con un mensaje determinado?

[CT] I think that in the first place, and in this specific case, the idea of contingency is associated with that of simulating a specific space in an unexpected location such as the UCSD campus. Eventually all interactive work has some element of contingency that is the essence of the digital world – 0's and 1's – ignited or extinguished, active or passive, which is to say that it can be or not be, exist or not exist, etc. In this installation, although the interactivity is basic, the idea of contingency is still there, in such a way that the spectators does not know for certain exactly what is going to happen. But to a small extent, because before entering the room of the gallery, the spectator passed an external space, where the intervention in the public space of the campus, recreating a mined field with its warning signs and the typical yellow tape printed with "Hazard – Do Not Enter", are indications that the work will deal with certain types of themes. I think that in the complementary nature of the external, out-of-bounds space and the internal space (in the gallery) that is accessible, there is the essence of a project and of the message that I am trying to convey.

[CT] Pienso que en primer lugar y en este caso específico la idea de contingencia está relacionada con la de simulación de un espacio determinado en un espacio inesperado como es el campus de UCSD. Luego toda obra interactiva tiene algo de contingente que es la esencia de lo digital, 0 y 1, encendido o apagado, activo o latente, es decir puede ser o no ser, estar o no estar, etc. En esta instalación aunque la interactividad es básica, también está presente la idea de contingencia ya que el espectador no sabe a ciencia cierta qué es lo que va suceder, pero en un grado menor porque antes de entrar a la sala de la galería ha pasado por el espacio exterior, donde la intervención en el espacio público del campus, recreando un campo minado con sus señales preventivas y las típicas cintas amarillas de "peligro – no pasar", son indicios de una propuesta que trabaja sobre ciertos ejes temáticos. Pienso que en esta complementación entre espacio exterior no transitable y espacio interior (el de la galería) transitable está la esencia del proyecto y del mensaje que intento transmitir.

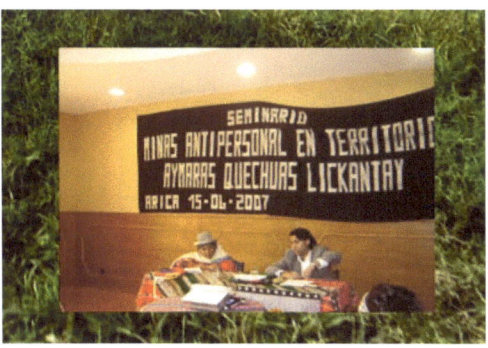

ESSAY / ENSAYO

BY / POR MARIELA CANTU

* **Mariela Cantú** is a researcher from La Plata University and video curator at the Museum of Modern Art of Buenos Aires (MAMBA), Argentina.
Mariela Cantú es investigadora de la Universidad de La Plata y curadora de video del Museo de Arte Moderno de Buenos Aires (MAMBA), Argenrina.

At a time when discourse is marked by the weight of supposed globalization, the lines that demarcate territorial limits and borders become more and more ferocious. Faced with the idea of a world where frontiers are crossed at the speed of telecommunications, the utopia of a technological Esperanto and easier ways of moving from place to place requires much deeper analysis. The refugees, the displaced populations, people who are not literate and indigenous peoples offer silent testimony about the state we're in.

Against this background, the Anti-Personnel Mines Project, by Argentine artist Carlos Trilnick, approaches these questions directly, although not unequivocally. The work reflects specifically on the use of anti-personnel mines as one of the more devastating weapons of war, not only because of its frightening effectiveness in conflicts, but above all because of its lethal nature even decades after conflicts end. The limits imposed by them are not only physical (the mined fields are transformed into impassable land), but also economic (fields become infertile and cattle also fall victim to these devices) and symbolic (as people are forced to flee out of fear that they will be killed walking on grounds they once called home).

The project is developed across two spaces: on the one hand, an interactive installation within the gallery at Calit2, and on the other, an interactive display located outdoors on the UCSD campus. The first of these spaces brings together a series of projections that are activated over time based on each visitor's own

En épocas de un discurso signado por el peso de una hipotética globalización, las marcas trazadas por los límites territoriales y las fronteras se tornan cada vez más feroces. La idea de un mundo en donde las barreras son franqueadas merced a la velocidad de las telecomunicaciones, la utopía de un esperanto tecnológico y las facilidades en los transportes no resiste un análisis apenas más profundo. Los refugiados, los desplazados, los analfabetos y los indigentes son testigos silenciosos de ese estado de situación.

En este contexto, el Anti-personnel Mines Project, del artista argentino Carlos Trilnick aborda estas cuestiones de manera directa, aunque no por ello unívoca. La obra reflexiona justamente sobre los usos de las minas anti-personas como uno de los dispositivos bélicos más perjudiciales, no sólo por su aterradora efectividad durante los conflictos, sino sobre todo por su letalidad aún décadas después de que estos han cesado. Los límites impuestos por ellas no son solamente físicos (los campos minados se transforman en tierras no transitadas), sino también económicos (las tierras se vuelven infértiles y el ganado es también víctima de estos dispositivos), y simbólicos (como consecuencia del desarraigo forzado por temor a perder la vida caminando por el suelo que una vez fue hogar).

El proyecto se desarrolla en dos espacios: por un lado, una instalación interactiva dentro de la galería del Calit2, y por otro, una intervención situada en el espacio exterior del campus de UCSD. El primero de estos espacios reúne una

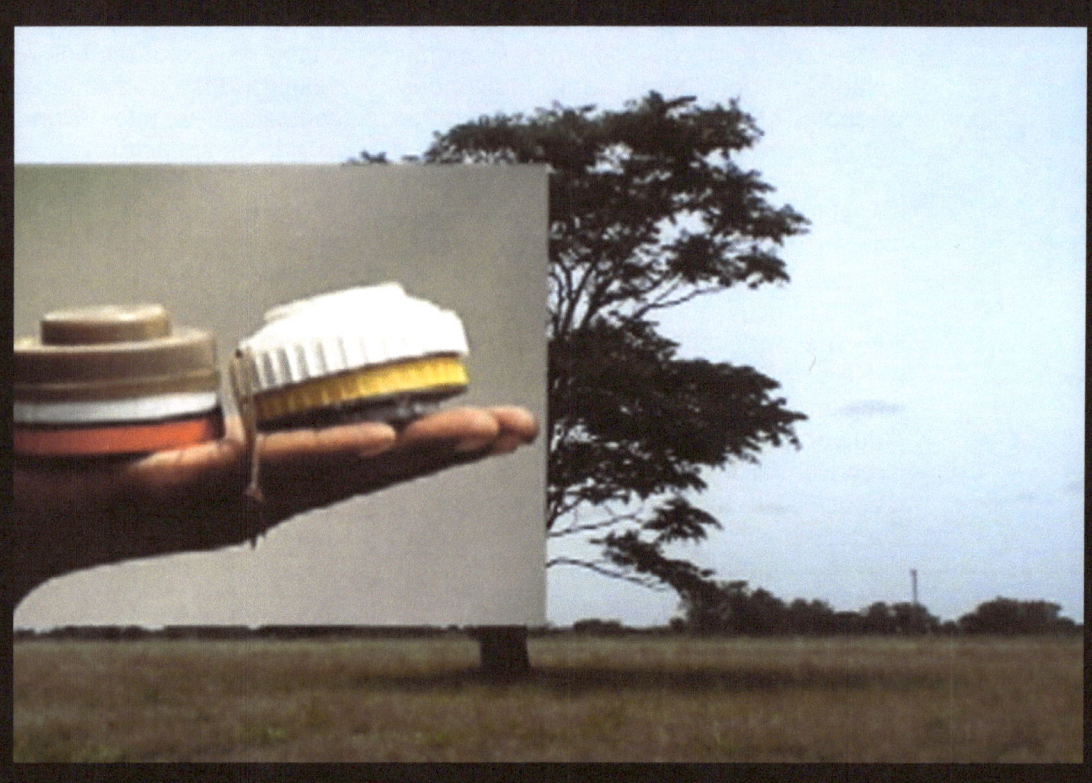

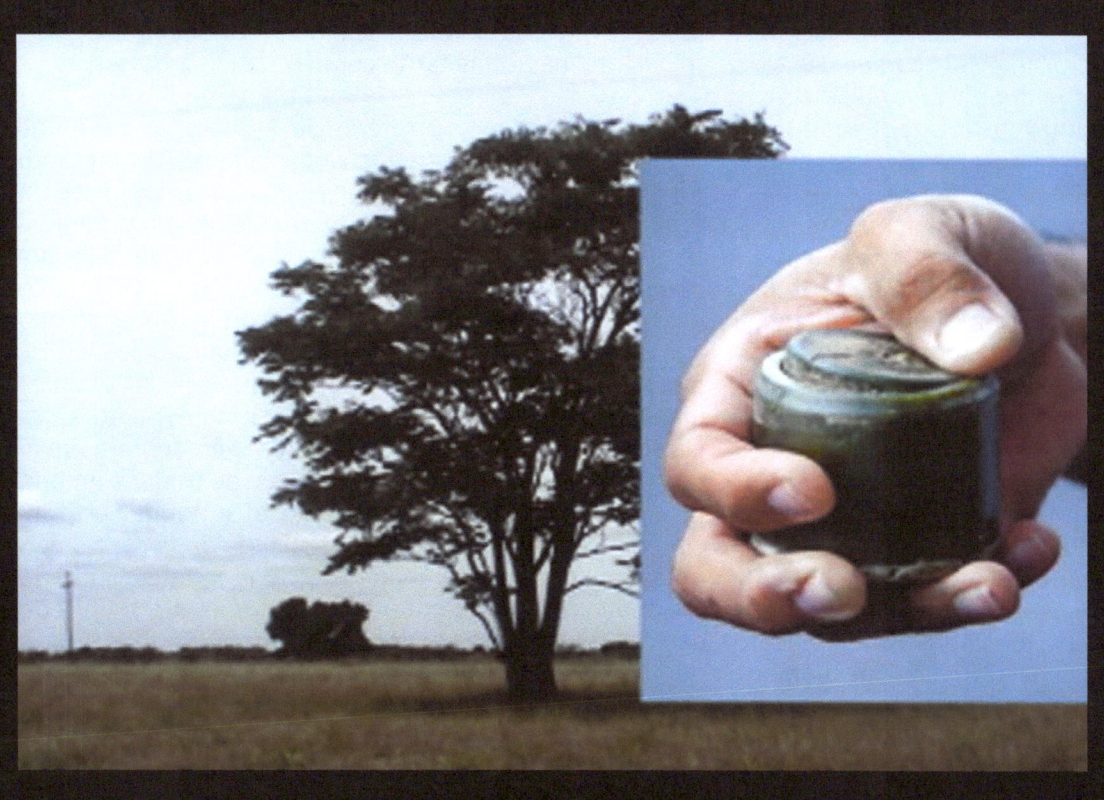

route. It is important to note that the precise points where a footstep triggers an explosion of images (and sound) are not determined beforehand; they move around, so the visitor faces growing disorientation and uncertainty. Completing the scene is the floor made of synthetic turf, which does nothing more than to reinforce inexorability of a earth that becomes more and more sterile (even though the verb "to plant" can be use to describe what is done with anti-personnel mines as much as it is for trees).

Up to this point, the reference to a series of earlier works by Trilnick becomes almost inevitable, given that the Anti-Personnel Mines Project is part of a conceptual thread that runs through the work of the Argentine artist. The bulk of his photography, single-channel videos, installations and even some works of digital art and net.art incorporate reflections on time and becoming from a privileged vantage point. From his first experimentations with audio-visual work, Trilnick investigates the slow, the silent and cyclical structures. In this particular case, the tension between what changes and what remains the same translates into a question formulated for each visitor, as a function of where he or she moves through the space, of coming into contact with a 'virtually' mined land, and of the intangibility of the furtive images that are displayed in front of the visitor. With all of this happening, the constant is the Earth; the variable is human life.

The dialogue in the exterior installation incorporates a reference to the work's own historical and architectural context

serie de proyecciones que van siendo sucesivamente activadas en función del recorrido generado por el propio visitante. Cabe destacar que los puntos que activan la aparición de las imágenes no están fijados de antemano, sino que van moviéndose y dejando así al visitante frente a una desorientación y una incertidumbre crecientes. El escenario se completa con la intervención de un césped sintético, que no hace más que reforzar la inexorabilidad de un suelo que va volviéndose cada vez más estéril (aunque el verbo "plantar" sea de uso indistinto para las minas anti-personas tanto como para los árboles).

Llegado este punto, la referencia a una serie de obras anteriores de Trilnick se vuelve casi inevitable, en tanto también el Anti-personnel Mines Project es parte de un eje conceptual que atraviesa el trabajo del artista argentino. La mayor parte de sus fotografías, videos monocanal, instalaciones e incluso algunos trabajos de arte digital y net.art incorporan la reflexión sobre el tiempo y el devenir como una figura privilegiada. Desde sus primeras experimentaciones con el audiovisual, Trilnick indaga sobre la lentitud, el silencio y las estructuras cíclicas. En este caso particular, la tensión sobre aquello que cambia y aquello que permanece se traduce en una pregunta formulada directamente al visitante, en función de sus tránsitos por el espacio, de su contacto con un suelo virtualmente minado, y de la intangibilidad de las imágenes furtivas que desfilan frente suyo. En todo este devenir, la constante es la tierra; la variable, la vida humana.

El diálogo con el exterior incorpora una referencia hacia el propio contexto histórico y arquitectónico de la obra y la particularidad de su exposición, desplegando una línea política también manifiesta en obras anteriores. Recordemos que un sector del espacio actualmente habitado por el campus de la UCSD, donde se aloja la galería Calit2, alguna vez formó parte del Camp Matthews, una base militar que funcionó allí hasta 1964. En este marco, Trilnick no sólo interviene sino que realiza un señalamiento sobre aquellos orígenes, sectorizando un espacio del verde parque al caracterizarlo como un campo minado, con llamativos carteles en varios idiomas.

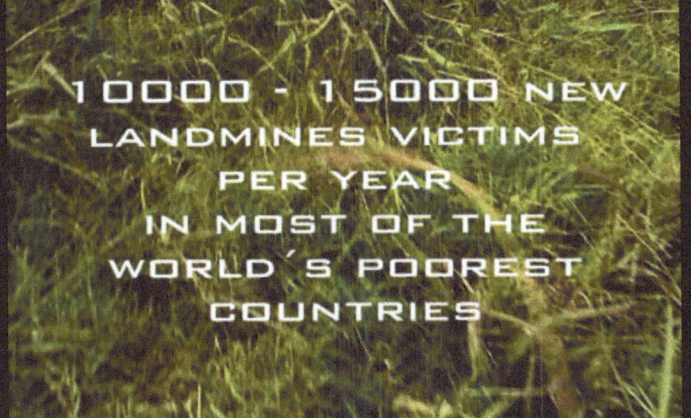

10000 - 15000 NEW
LANDMINES VICTIMS
PER YEAR
IN MOST OF THE
WORLD'S POOREST
COUNTRIES

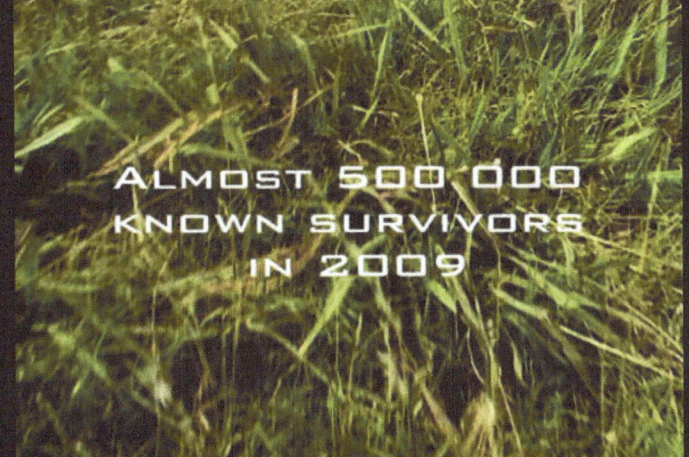

ALMOST 500 000
KNOWN SURVIVORS
IN 2009

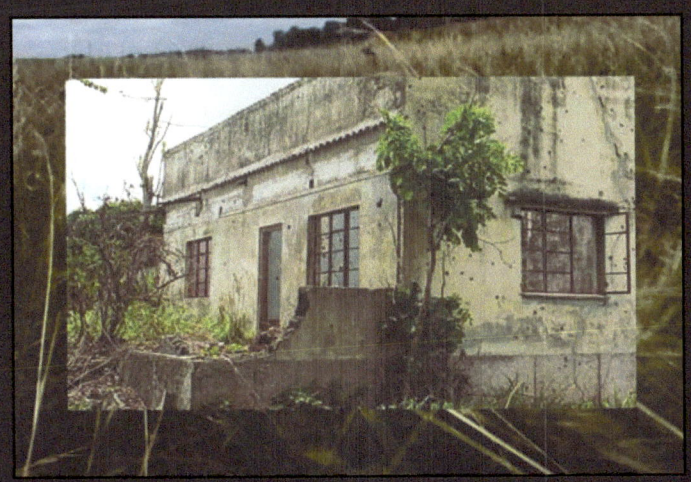

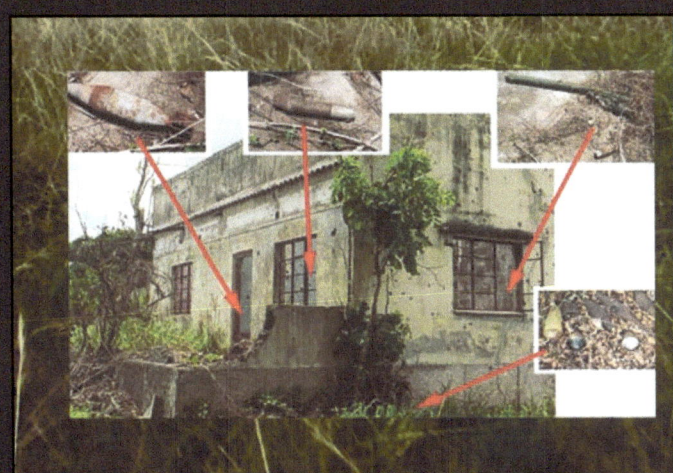

and the specifics of this exhibition – tracing a political line from the artist's earlier works. It should be remembered that part of the area where the UCSD campus is located, and thus where the gallery at Calit2 is located, at one time was Camp Matthews, a working military base until 1964. For his part, Trilnick not only intervenes but also manages to signal those origins, demarcating an area of greenery to make it look line a mined field, with warning signs in various languages.

This re-appropriation of military spaces puts us very far away from that "no place" of Marc Augé, which in this case could be a gallery conceived like a receptacle or "white cube." On the contrary, incorporating the incoherences and the contradictions of this symbolic dialogue, Trilnick pushes us closer to a "no man's land", as a place created by a negotiation – or a dispute – whose edges are as variable as their meaning. To a certain extent, this space also transforms itself into a "space of memory," based on the concept of the well-known Catalan artist Antoni Muntadas: "the effects of the transformations in the use of buildings, the changes that signify an erosion of the meaning of the past."

It will be difficult for pedestrians not to be affected when they walk through the Anti-Personnel Mines Project. The project's interior space and area outdoors bring us back in fact to a primitive state of defenselessness. As the Czech philosopher Vilém Flusser remarked: "All making of machines in the future will have to take into account the counterstroke of the handle. No longer is it possible to build machines to serve the economy and ecology exclusively. It is also necessary to think how those machines will hit us back."

Esta reapropiación de espacios militares nos coloca en un punto muy lejano a aquel "no-lugar" de Marc Augé, que en este caso podría ser una galería concebida como contenedor o "cubo blanco". Por el contrario, incorporando las incoherencias y las contradicciones de este diálogo simbólico, Trilnick nos empuja más cerca de un "no man´s land" (término militar utilizado para indicar una porción de terreno entre dos trincheras opuestas), como el lugar fruto de una negociación – o una disputa – cuyos bordes son tan variables como sus si-gnificados. En cierta medida, también este espacio se transforma en un "espacio de memoria", según el concepto del notable artista catalán Antoni Muntadas: "los efectos de las transformaciones en el uso de los edificios, los cambios que significan una erosión de los significados del pasado".

Será difícil que el Anti-personnel Mines Project sea recorrido en actitud de paseante. El espacio interior y el espacio exterior que lo componen nos devuelven en realidad a un primigenio estado de indefensión. Como señalaba el filósofo checo Vilém Flusser, "Toda futura fabricación de máquinas habrá de tener también en cuenta el contragolpe de la palanca. Ya no es posible construir máquinas atendiendo exclusivamente a la economía y la ecología. Es necesario pensar también cómo esas máquinas nos devolverán los golpes".

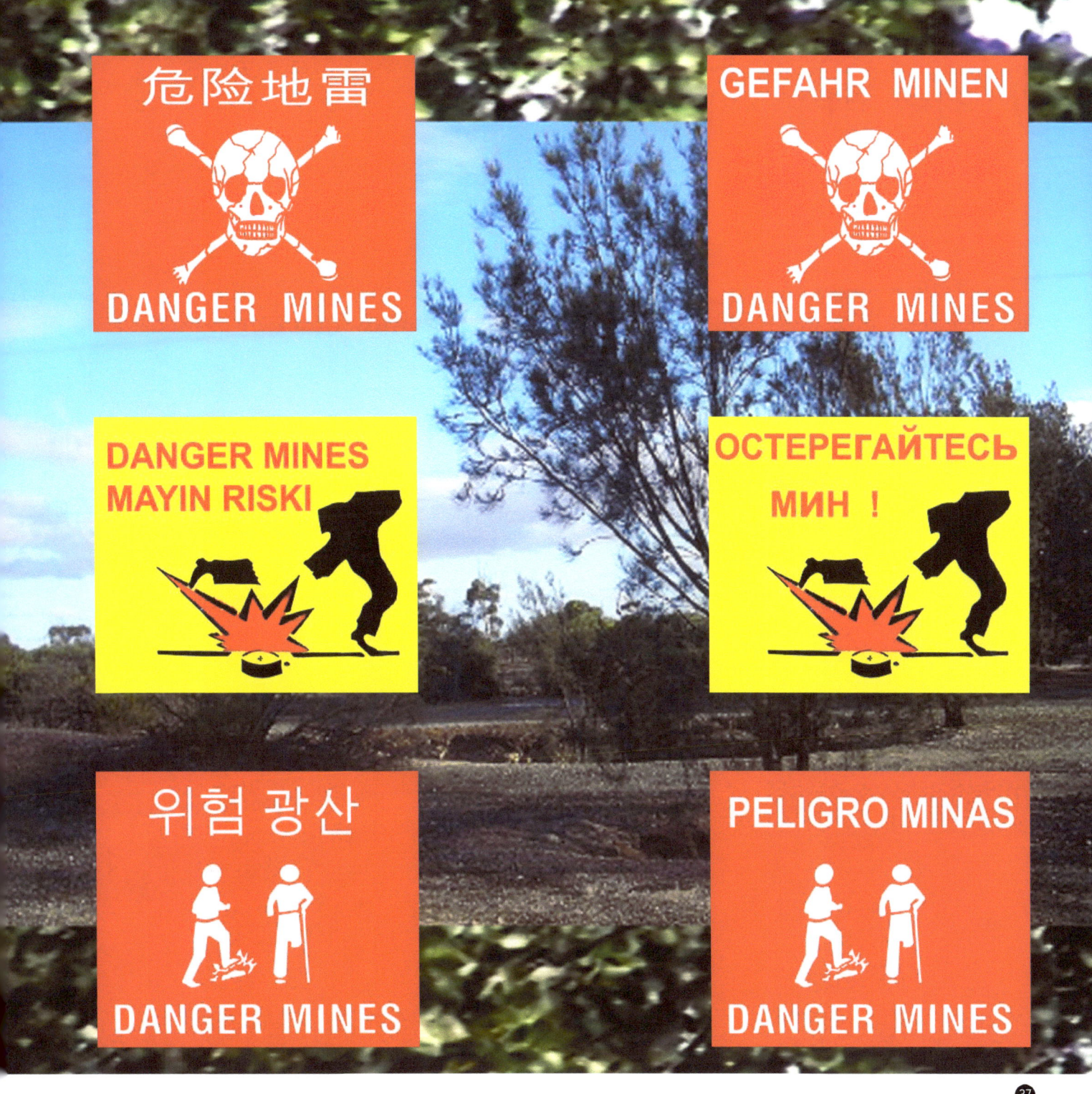

ARTIST BIOGRAPHY /
BIOGRAFIA DEL ARTISTA

CARLOS TRILNICK

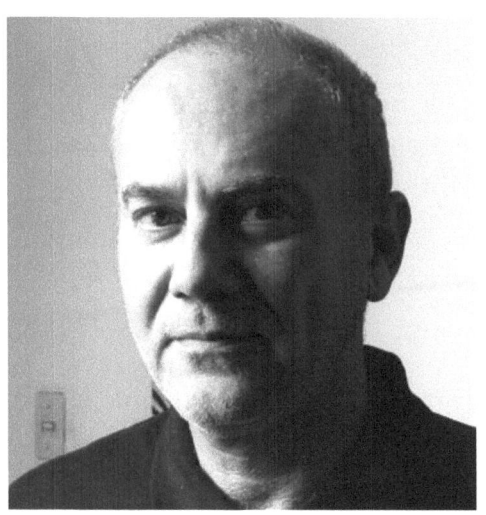

Born in Argentina, Carlos Trilnick is one of the pioneers of video art in Latin America. His work – which ranges from video installations and multimedia art to photography – has been marked by an incessant search for expression and a clear experimental spirit. It is through the practice of art across interwoven media that Trilnick proposes a series of 'signalings' on different themes of social and political reality, generating works of constant commitment to their surroundings.

He is a senior professor in the Faculty of Architecture, Design and Urban Development at the University of Buenos Aires, where he teaches in the Faculty of Audio-visual Design, and the Programs of Image and Sound Design and Expressive Media. Trilnick is also a Visiting Professor at the University of California, San Diego (UCSD), at the Javeriana University and University of Los Andes, Bogotá, Colombia and at the University of

Nacido en la Argentina, Carlos Trilnick fue uno de los pioneros del videoarte en América Latina. Su obra - que también se desarrolla en el campo de la videoinstalación, el arte multimedia y la fotografía - se ha caracterizado, desde sus inicios y hasta la actualidad, por una incesante búsqueda expresiva y un marcado espíritu experimental. Es a través de la práctica artística basada en la combinación y redefinición de medios que Carlos Trilnick propone una serie de "señalamientos" sobre diferentes temas de la realidad social y política, generando obras de un constante compromiso con su contexto.

Trilnick es profesor titular en la Facultad de Arquitectura, Diseño y Urbanismo de la Universidad de Buenos Aires, en las carreras de Diseño de Imagen y Sonido y de Diseño Grafico. Trilnick es también profesor visitante en la Universidad de California, San Diego (UCSD), en la Universidad de Javeriana y la Universidad de Los Andes, Bogotá, Colombia así como

Azuay, Cuenca, Ecuador.

Trilnick began his artistic career as a photographer in the 1970s and produced his first video in 1980. His recent work has includes digital media installations and online projects, and he has played a formative role in presenting the works of others in this emerging field. His works have been exhibited extensively and he is widely recognized within the international film and media community. Since 1980 Trilnick's work has been exhibited internationally in museums, biennials and art galleries, including among others: Biennale de l'Image en Mouvement, Geneve, Suiza, Museo da Imagem e du Son (Sao Paulo), VIPER Int Film-und Videotage (Suiza), MEIAC (Badajoz), Museo de Arte Moderno (Bogot), European Media Arts Festival (Osnabruck), Video Data Bank (Chicago), CICV (Monbeliard), American Film Istitute (USA), Museum of Modern Arts, Haifa, Israel, Medien Operativen (Berlin), LA Freewaves. (Los Angeles), Instants Video (Francia), Museo Reina Sofia (Madrid), The Museum of Modern Arts (NewYork), Bienal del Mercosur (Porto Alegre), Museo Nacional de Bellas Artes (Buenos Aires), Paris-Berlin Interventions en espace public, Bienal de Video y Artes Electronicas (Chile), XI Festival Internacional de Arte Electronica (San Pablo), VIPER Int Film-und Videotage (Suiza) and ARCO (Madrid).

Trilnick's documentaries include 'Subte Linea D' (1983) and 'Ennio Iomi, no perder la memoria' (1993), as well experimental video works and installations as "Five seconds (1982), "Traveling Across America" (1989), "Present-days nostalgia" (1991), "Eves" (1991), Qosqo" (1992), "Like an absent body" (1994), "Crying of Bandoneon" (1995), "Geometries of turbulence" (1999), "One Afternoon" (2002), "A poke in the eye" (2000), "Why is a black picture painted?" (2002), "1978-2003" (2003), "H, HH, HHH" (2004), "Company" (2005), "Immobile" (2005), "Memory Project" (2006), "Absbytes" (2006), "Project from Ushuaia" (2007), "Social less" (2008), "Echo-Park" (2008), "Teoth" (2008) and "FFF (2009)

en la Universidad del Azuay, Cuenca, Ecuador.

Trilnick comenzó su carrera artística como fotógrafo en los años 70 y produjo su primer vídeo en el año 80. Su trabajo reciente incluye instalaciones digitales y proyectos online. Trilnick ha ayudado a promover autores nóveles en el área emergente de nuevos medios. Su trabajos se han exhibido internacionalmente en museos, bienales y galerías de arte, incluyendo entre otros: Biennale de l'Image en Mouvement, Geneve, Suiza, Museo da Imagem e du Son (Sao Paulo), VIPER Int Film-und Videotage (Suiza), MEIAC (Badajoz), Museo de Arte Moderno (Bogot), European Media Arts Festival (Osnabruck), Video Data Bank (Chicago), CICV (Monbeliard), American Film Istitute (USA), Museum of Modern Arts, Haifa, Israel, Medien Operativen (Berlin), LA Freewaves. (Los Angeles), Instants Video (Francia), Museo Reina Sofia (Madrid), The Museum of Modern Art (New York), Bienal del Mercosur (Porto Alegre), Museo Nacional de Bellas Artes (Buenos Aires), Paris-Berlin Interventions en espace public, Bienal de Video y Artes Electronicas (Chile), XI Festival Internacional de Arte Electronica (San Pablo) y ARCO (Madrid).

Los documentales de Trilnick incluyen entre otros: 'Subte Linea D' (1983) y 'Ennio Iomi, no perder la memoria' (1993), así como videos experimentales e instalaciones como "Five seconds (1982), "Viajando por América" (1989), "Celada" (1990), "Vísperas" (1991), "Nostalgias del presente (1991), Qosqo" (1992), "Como un cuerpo ausente" (1994), "Geometrías de Turbulencia" (1999), "Piquete de Ojo" (2000), "Una Tarde (2000), "Por qué pintar un cuadro negro" (2002), "1978-2003" (2003), "H, HH, HHH" (2004), "Inmóvil" (2005), "Compañia" (2005), "Proyecto Memoria" (2006), "Absbytes" (2006), "Proyecto desde Ushuaia" (2007), "Social less" (2008), "Echo-Park" (2008), "Teoth" (2008) y "FFF (2009)

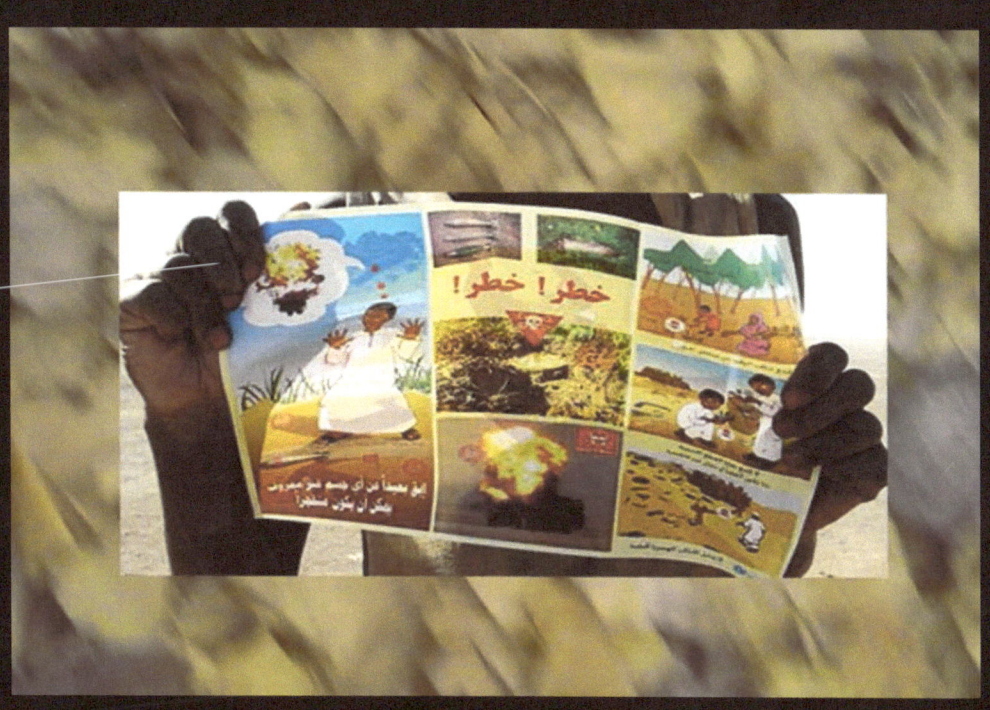

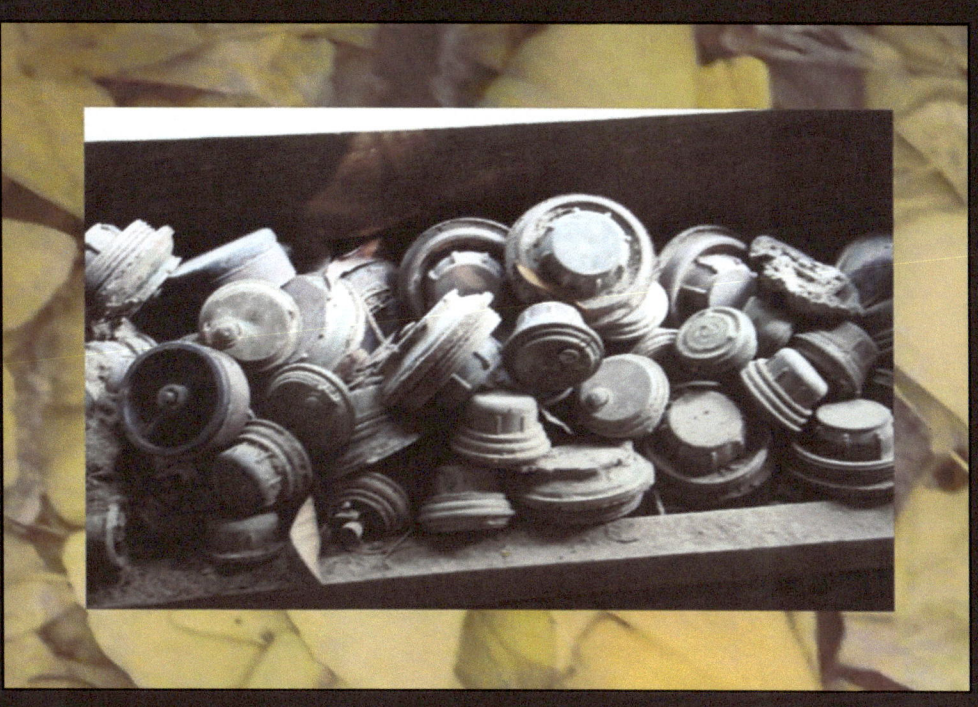

ACKNOWLEDGMENTS / RECONOCIMIENTOS

BY / POR DOUG RAMSEY

*__Doug Ramsey__ edited this catalog and is the Director of Communications at UC San Diego for the California Institute for Telecommunications and Information Technology (Calit2).

__Doug Ramsey__ editó este catálogo y es el Director de Comunicaciones de UC San Diego para el Instituto de Telecomunicaciones y Tecnología Informática de California (Calit2)

There are many people to thank for their involvement in and support of the Anti-Personnel Mines Project and the exhibition at the University of California, San Diego. In Argentina, computer programming support was provided by Diego Javier Alberti www.olaconmuchospeces.com.ar, animation by Dolores Vasquez, photography courtesy of Gabriel Valansi, and sound by Jorge Haro. Also playing an important role are several of Carlos Trilnick's long-time collaborators, notably Santiago Nuñez and Mariano Ramis of the Centro Hipermediatico Experimental Latinoamericano (CheLA) in Buenos Aires.

Support for the exhibition came from several sources, including the University of California Digital Arts Research Network (UCDARnet), an interdisciplinary research network of contemporary artists working across the UC campuses. (UCDARnet is also be commended for organizing an April 24 panel discussion at Calit2 with Carlos Trilnick and UCSD Associate Professor of Communication Brian Goldfarb.) Thanks go to the many people who provided a home for this work at the California Institute for Telecommunications and Information Technology, including the co-chairs of the gallery@calit2 steering committee, UCSD Visual Arts Professor Ricardo Dominguez and Professor Emeritus Lea Rudee from the Jacobs School of Engineering. The aforementioned Brian Goldfarb was instrumental in helping Trilnick to bring his work to the San Diego campus, as was Ramesh Rao, Director of Calit2's UCSD Division. Rao also helped secure campus permission to hold the landscape part of the exhibition in the Engineering Courtyard, and for that we also owe a debt of gratitude to Mary Beebe,

Hay mucha gente a la que agradecerle por su participación y apoyo en el Proyecto Minas Anti-personas y la exhibición en la Universidad de California, San Diego. En Argentina recibimos apoyo de Diego Javier Alberti en programación www.olaconmuchospeces.com.ar y de Dolores Vásquez en animación. Las fotografías fueron una gentileza de Gabriel Valansi y el sonido estuvo a cargo de Jorge Haro. Además fue importante el aporte de varias personas que hace tiempo colaboran con Carlos Trilnick, entre los cuales se destacan Santiago Núñez y Mariano Ramis del Centro Hipermediático Experimental Latinoamericano (CheLA) en Buenos Aires.

Esta exhibición ha recibido el apoyo de varias entidades, incluyendo la Red de Investigación de Arte Digital de la Universidad de California, San Diego (UCDARnet), una red de investigación interdisciplinaria formada por artistas de los distintos campuses de la Universidad de California. A UCDARnet se le debe agradecer también la organización de un panel de discusión en el que participarán Carlos Trilnick y Brian Goldfarb, profesor asociado del departamento de Comunicación y que tendrá lugar el 24 de abril en Calit2. Gracias a la mucha gente que le consiguió un hogar a este trabajo en el Instituto para las Telecomunicaciones y Tecnología Informática de California (Calit2), incluyendo los co-directores del comité asesor de la galería del Calit2, Profesor Ricardo Domínguez (Departamento de Artes Visuales, UCSD) y Profesor Emérito Lea Rudee de la Escuela de Ingeniería Jacobs. El ya nombrado Brian Goldfarb fue fundamental en hacer llegar el trabajo de Trilnick al campus de UCSD, como también lo fue Ramesh Rao, Director del Calit2, División UCSD. Rao ayudo a gestionar los permisos para que la parte destinada a exteriores de la obra se pueda instalar en el Jardín de Ingeniería. En esto también debemos agradecer a Mary Beebe, curadora de la Colección Stuart de UCSD y a Frieder Seible, decano de la Escuela de Ingeniería Jacobs.

Curator of the UCSD Stuart Collection, and Frieder Seible, Dean of the Jacobs School of Engineering.

Thanks also go to the participants in the April 16 panel discussion with artist Carlos Trilnick – Ricardo Dominguez, Ph.D. student Fabián Cereijido, and UCSD biochemistry professor William Trogler – for bringing a note of gravitas to the otherwise festive opening celebration for the exhibition in Atkinson Hall. Mounting the interactive installation required long hours for Calit2's audio-visual staff, including Hector Bracho and Mike Toillion, and project support was provided by Alex Wong under the able guidance of Gallery Coordinator Trish Stone, who was the primary intermediary between Carlos Trilnick and Calit2 during the long months when constant communication became more difficult because of the 6,000 miles (9,700 kilometers) separating Buenos Aires and San Diego.

This also marks the first catalog in the gallery@calit2 series that is published in both English and Spanish. Doug Ramsey edited the catalog and provided some of the translations into English. To Cristian Horta who designed the publication. Special thanks go to Fabián Cereijido and Eduardo Santana, who provided most of the Spanish and English translations, and Argentine professor and curator Mariela Cantú, for her essay. And of course, to the artist, Carlos Trilnick, for his insightful background report on the fundamental – and global – hazards of anti-personnel mines, and for bringing to UC San Diego and Calit2 an art work and provocative commentary that casts new light on a devastating practice that continues to endanger millions of mostly civilian lives around the world.

Queremos también agradecer a los participantes del panel de discusión del 16 de abril en el que además de Carlos Trilnick participarán Ricardo Domínguez, el estudiante de doctorado Fabián Cereijido y al profesor William Trogler del departamento de Bioquímica que traerán un modicum de gravitas a la festiva celebración de la apertura de la muestra en el Atkinson Hall. El montaje de la instalación interactiva requirió largas horas de trabajo del personal de audiovisuales del Calit2, en particular de Hector Bracho y Mike Toillion. Alex Wong también ayudo en el proyecto, bajo la eficiente guía de la coordinadora de la galería, Trish Stone quien fue el nexo principal entre Carlos Trilnick y el Calit2 durante los largos meses en los cuales las constantes comunicaciones se hicieron difíciles dados los 9.700 kilómetros (6.000 millas) que separan Buenos Aires de San Diego.

Este es el primero de los catálogos de la serie gallery@calit2 que se publica en inglés y en español. Doug Ramsey editó el catálogo y aportó parte de la traducción al inglés. A Cristian Horta por el diseño del catálogo. Se agradece a Fabián Cereijido y Eduardo Santana quienes se encargaron de la mayoría de las traducciones al español y al ingles y a la profesora y curadora Mariela Cantú, por su ensayo. Y, por supuesto, agradecemos al artista, Carlos Trilnick, por su intensa investigación de los graves – y globales – peligros que presentan la minas anti-personas y por traer a UC San Diego y Calit2 una obra de arte y un provocativo comentario que muestra bajo una nueva luz una práctica devastadora que continúa poniendo en peligro la vida de millones en todo el mundo, en su mayoría civiles.

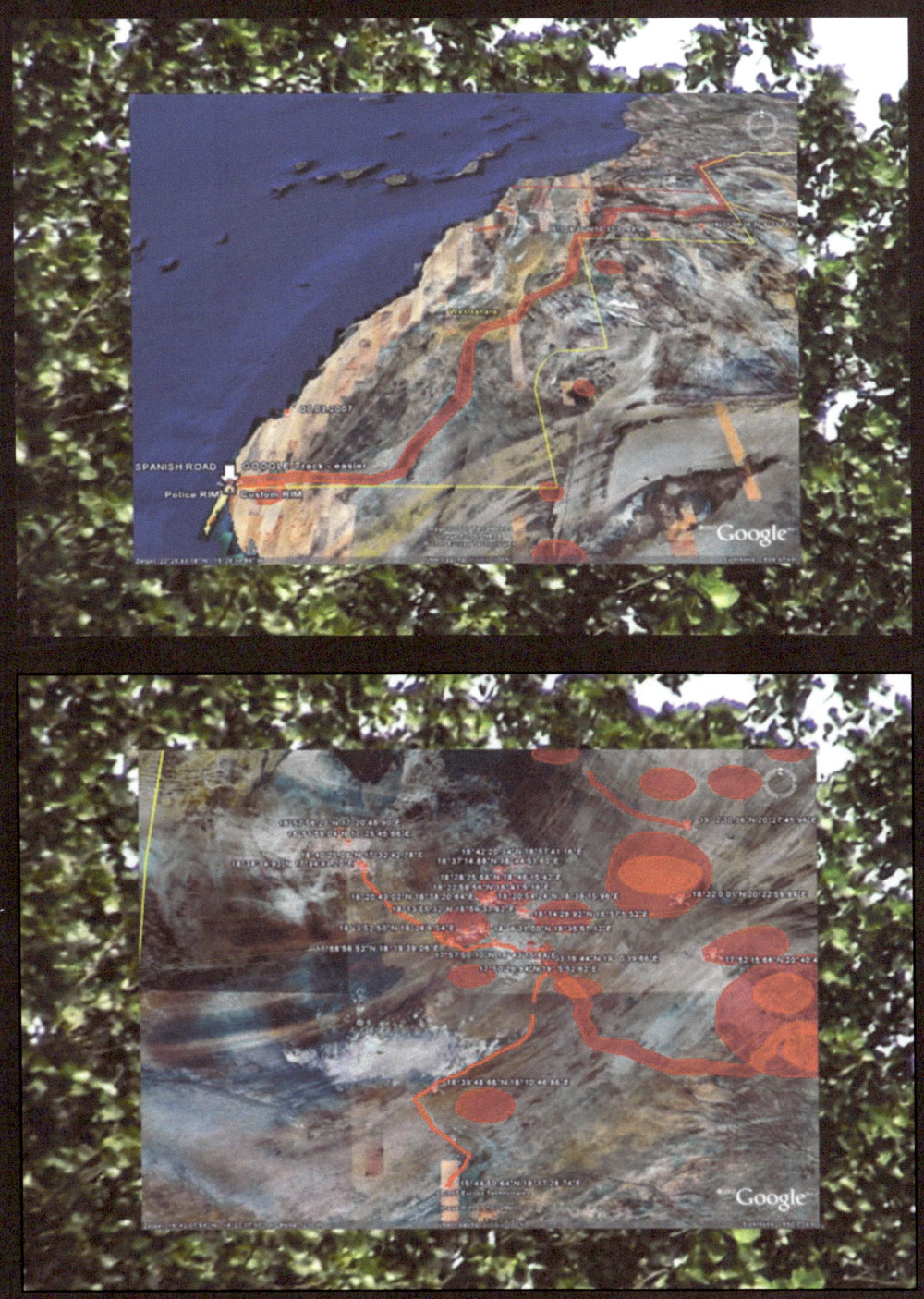

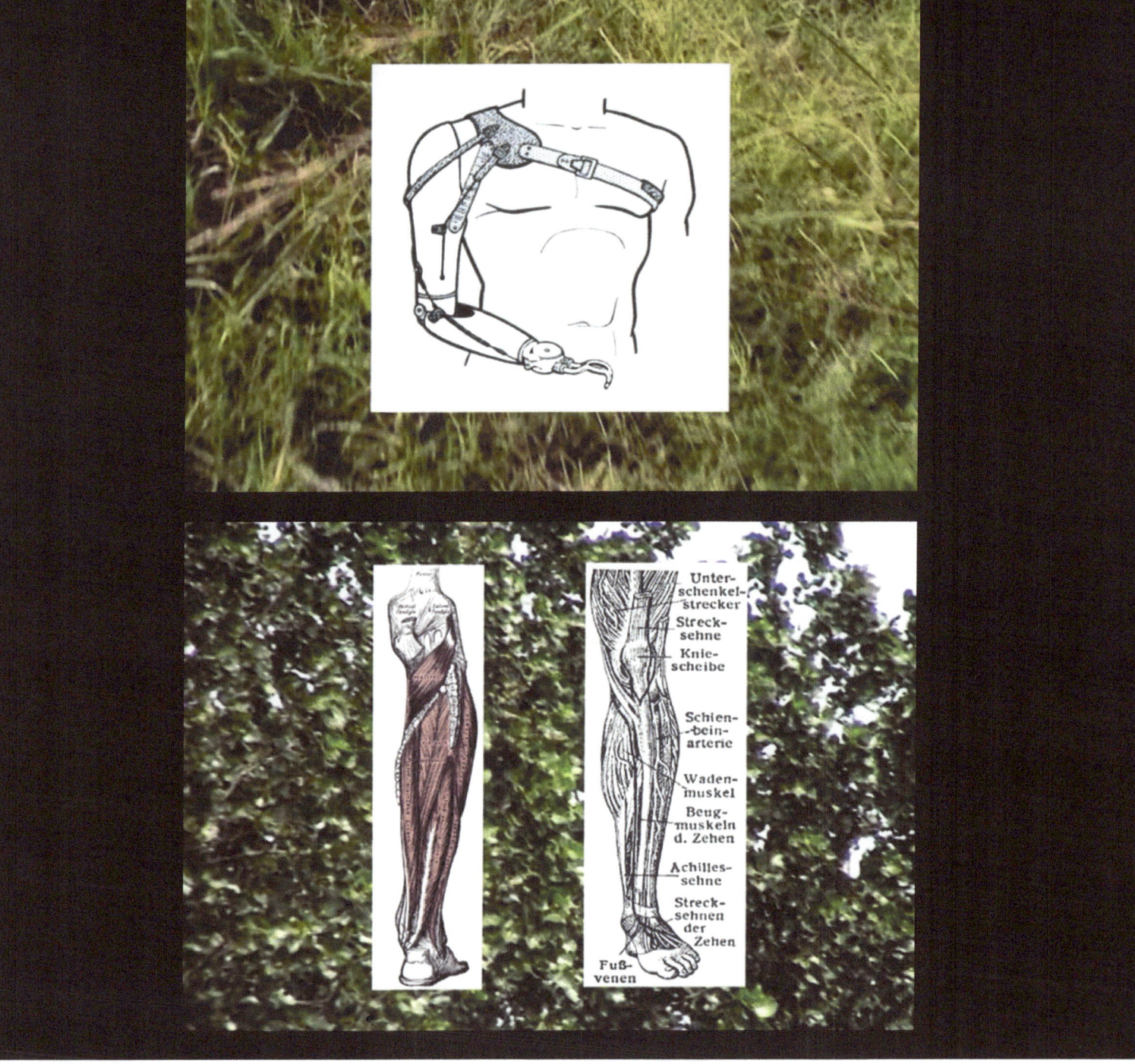

CATALOG N°6
ACKNOWLEDGMENTS / RECONOCIMIENTOS

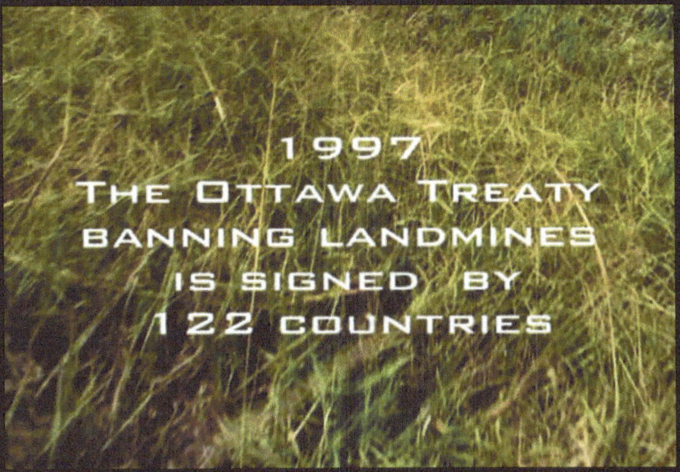

1997
The Ottawa Treaty
banning landmines
is signed by
122 countries

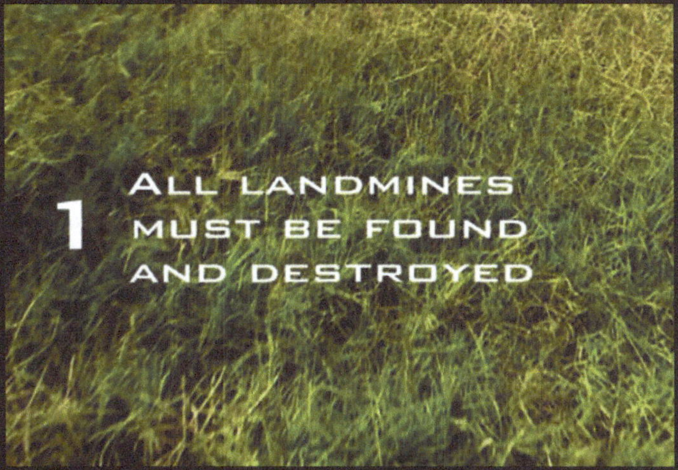

1 All landmines
must be found
and destroyed

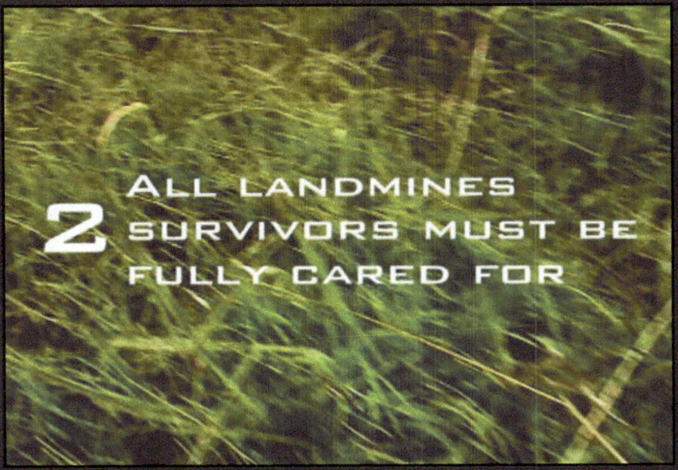

2 All landmines
survivors must be
fully cared for

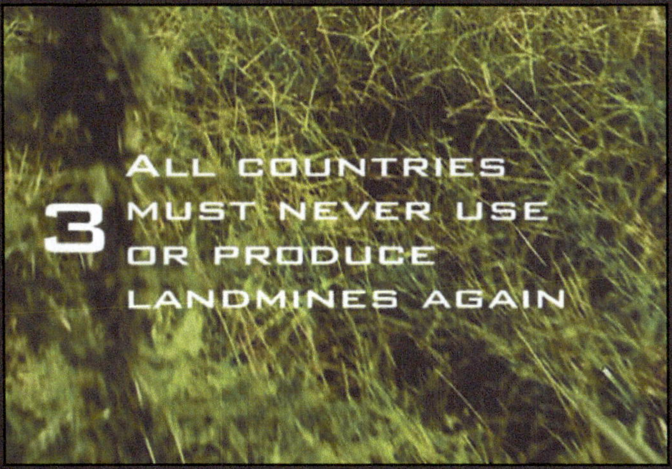

3 All countries
must never use
or produce
landmines again

gallery@calit2 reflects the nexus of innovation implicit in Calit2's vision, and aims to advance our understanding and appreciation of the dynamic interplay among art, science and technology.

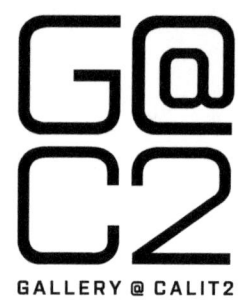

GALLERY @ CALIT2

First Floor
Atkinson Hall
9500 Gilman Drive
University of California, San Diego
La Jolla, CA 92093

http://gallery.calit2.net

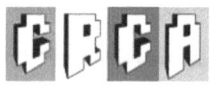 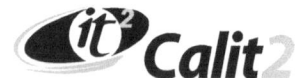 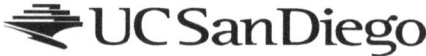